U0182170

Sergio Pistoi

[意大利]
塞尔吉奥·皮斯托伊
著 /
智越坤
译

基因 国度

基因网络
如何改变生活

DNA
NATION

How the Internet of Genes is
Changing Your Life

中国科学技术出版社
·北 京·

DNA NATION: HOW THE INTERNET OF GENES IS CHANGING YOUR LIFE by
SERGIO PISTOI, ISBN: 978-1-909979-90-1
Copyright: ©2019 BY SERGIO PISTOI
This edition arranged with Lorella Belli Literary Agency Limited
through BIG APPLE AGENCY, LABUAN, MALAYSIA.
Simplified Chinese edition copyright:
2023 China Science and Technology Press Co., Ltd.
All rights reserved.

北京市版权局著作权合同登记　图字：01-2023-5060。

图书在版编目（CIP）数据

　　基因国度：基因网络如何改变生活 /（意）塞尔吉
奥·皮斯托伊（Sergio Pistoi）著；智越坤译 . — 北
京：中国科学技术出版社，2024.1
　　书名原文：DNA Nation: How the Internet of
Genes is Changing Your Life
　　ISBN 978-7-5236-0304-8

　　Ⅰ . ①基… Ⅱ . ①塞… ②智… Ⅲ . ①基因工程
Ⅳ . ① Q78

中国国家版本馆 CIP 数据核字（2023）第 217720 号

策划编辑	杜凡如　王秀艳	责任编辑	任长玉
封面设计	奇文云海·设计顾问	版式设计	蚂蚁设计
责任校对	焦　宁	责任印制	李晓霖

出　　版	中国科学技术出版社
发　　行	中国科学技术出版社有限公司发行部
地　　址	北京市海淀区中关村南大街 16 号
邮　　编	100081
发行电话	010-62173865
传　　真	010-62173081
网　　址	http://www.cspbooks.com.cn

开　　本	710mm×1000mm　1/16
字　　数	194 千字
印　　张	14.5
版　　次	2024 年 1 月第 1 版
印　　次	2024 年 1 月第 1 次印刷
印　　刷	河北鹏润印刷有限公司
书　　号	ISBN 978-7-5236-0304-8/Q·256
定　　价	69.00 元

（凡购买本社图书，如有缺页、倒页、脱页者，本社发行部负责调换）

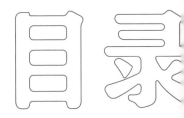

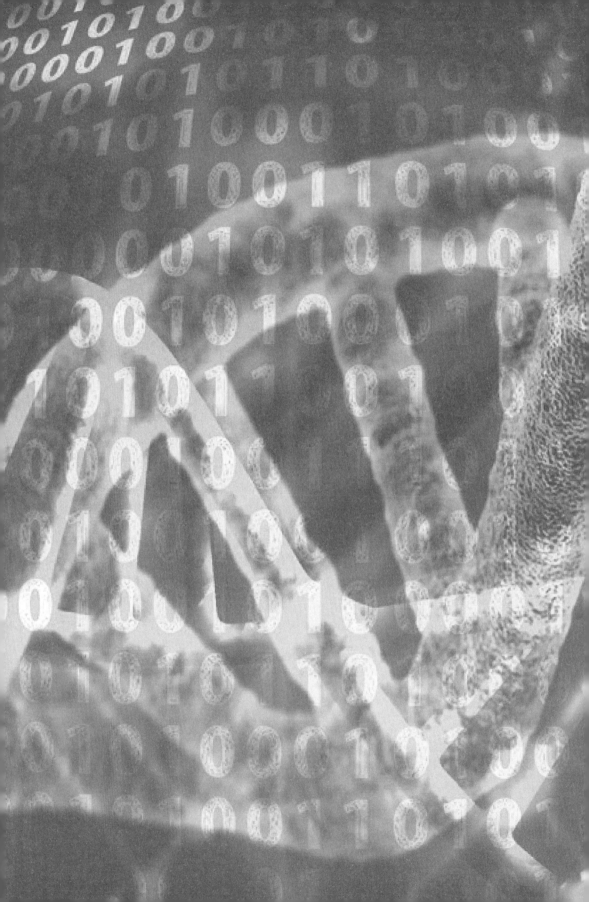

第一部分
基因互联

加入基因社交网

我家财万贯，DNA 蕴藏着无尽财富，

我内心黑暗，DNA 被邪恶慢慢腐蚀，

我秉持忠诚，DNA 流淌着贵族血统。

——肯德里克·拉马尔（Kendrick Lamar）[1]，《DNA》

欢迎您！

——23andMe.com[2]

---

[1] 肯德里克·拉马尔，美国著名说唱歌手。——译者注

[2] 一家美国基因组测序公司，成立于 2006 年。——译者注

第一章
如何成为唾液受测者

基因国度

基因网络如何改变生活

　　我集中意念，脑海中想象着各种让人垂涎欲滴的美食：香醇美味的芝士蛋糕，清爽可口的冰激凌，新鲜出炉的佛罗伦萨牛排，装满鲜桃、菠萝和酸橙的果盘等。我绞尽脑汁，希望自己能像巴甫洛夫的狗①一样不停地流口水。但事实上，我的唾液只装了半管，而我已经口干舌燥，无法再分泌一滴唾液。

　　采集唾液是踏上 DNA 国度探索之旅的关键步骤，要抵达目的地，我必须不停地往那个巨大的带有漏斗和超大盖子的无菌塑料容器中吐口水，直到唾液量达到上面标示的液位刻度为止。然后，我的唾液样本将被分析和研究，神奇的尖端技术将揭开我的遗传秘密。而此时此刻，我正在努力吐出足够的唾液来装满那根收集管。这是我在整个 DNA 之旅中需要付出的唯一体力劳动。

　　唾液收集管是与邮件一起寄来的，装在一个精致漂亮的彩色包装盒里，看起来像新手机盒子。我是在 23andMe.com 网站上花了 99 美元购买的检测服务，这是一家为消费者提供在线基因检测服务的公司。包

---

① 巴甫洛夫是一位德国的生理和心理学家。他曾做过一个实验：每次给狗送食物之前都开灯和摇铃，这样经过一段时间后，只要听到铃响或者看到灯亮，狗就会条件反射地分泌唾液。——译者注

装盒里装着一根唾液收集管和一张卡片,上面有几条简单的说明:请您往管内吐口水、盖上盖子,然后将唾液样本寄回指定地址。

你可以从任何体液或身体部位上采集 DNA:血液、头发、精液、眼泪、汗水、皮肤、手术过程中采集的组织样本,甚至指纹。然而,要想从活人身上采集遗传物质,那么唾液是最简单、最无痛且最安全的方法。每分钟都有一些细胞从你的口腔黏膜上脱落到你的唾液中,每个细胞中都含有一份你 DNA 的精确副本,你体内的 37 万亿个细胞都是如此。因此,一根装满唾液的收集管含有足以用来提取和读取的遗传物质。

23andMe 网站详细说明了唾液样本到达实验室后的处理步骤:技术人员将样本放置在作业线上,进行首次化学处理,即打破细胞的微小薄膜,释放里面的 DNA,然后其他技术人员进行提纯处理。接下来,样本被放置到一台机器中,扫描字母序列并生成档案。在两周内,实验室将发送一封电子邮件,通知客户结果已经出来,然后客户就可以登录网站并查看结果。此后,客户的 DNA 信息将被制作成数字化档案,被存入一个数据库,其中包含数百万份来自世界各地的唾液受测者的档案。每个人都渴望了解其染色体,想知道自己基因中隐藏的秘密。

探索之旅固然令人兴奋,但第一次研究自己的染色体还是颇感尴尬。我曾在世界各地多家研究人类基因和遗传物质的实验室工作,研究来自匿名捐赠者、患者、生物样本库的 DNA,甚至是从人体中分离出来并在各个实验室转移的单个基因。像我的任何一个同事一样,我可以告诉你很多种从地球上的活体中提取、操作、读取或剪切粘贴 DNA 的方法,而且我对人类基因组学很了解。尽管如此,每当想到某人(或某物)要研究自己的 DNA 时,我就会感到有些不舒服。我感到脆弱无助,就像一个已经拥有上百次手术经验的外科医生,此刻正茫然地躺在手术台上,等着别人给自己开刀。尽管这个基因检测网站竭尽全力,试图

让客户相信此类 DNA 检测是一种非常新奇而有趣的体验，但是，当我签名时，条款中的几行小字仍让我感到惴惴不安，上面写着"在此过程中，你可能会发现一些有关你自己和 / 或你的家庭成员令人沮丧或焦虑的事实，而你无法对其控制或改变"。

不仅仅是 23andMe，所有检测机构都会在其条款中添加类似的警告条款，提醒唾液受测者 DNA 检测可能带来的副作用，就像药物说明书中的警示语一样。但不同的是，我现在并不是在买药。消费者基因组学公司对此声明，他们采集基因信息并非用于医学或诊断程序，而是作为自我探索的教育工具。用他们的话来说，当你把唾液吐进 DNA 收集管时，你就开始了自我探索之旅，甚至能窥探自己的未来。尽管如此，这些警示语仍让人感到非常不舒服，而且，后来我发现很多人都有同样的感受。

蓬勃发展的市场

如今，专门从事唾液 DNA 检测的公司不在少数。有数十个网站提供个性化基因检测，价格低至 50 美元，有的甚至提供免费检测。你不仅可以获得一个价格实惠的基因档案，而且足不出户即可轻松完成，无须去医院或去实验室。这是一个直接面向消费者销售基因组学产品的全新领域，是一个蓬勃发展的市场，融合了科学、医学、系谱学、最新的 DNA 技术与电子商务策略。消费者基因组学的出现，削减了很多 DNA 检测的医疗服务人员，如医生、遗传学家和研究人员等。唾液受测者不同于患者，他们和你我一样，都是普通的消费者。他们通过电视广告、户外大型广告牌、社交媒体等途径得知，或者经朋友介绍后，购买了

DNA 检测套件。

2019 年，超过 2 600 万人在网上或实体店购买了 DNA 检测套件。Ancestry.com 占据的市场份额最大，它原来是一个系谱网站。2012 年，该公司推出了 AncestryDNA 服务，该服务将基因检测纳入系谱搜索中，并开始直接面向消费者销售 DNA 检测套件。第二大公司是 23andMe，拥有约 800 万客户（"23"是指人体染色体的对数）。谷歌是 23andMe 的主要投资者，两家公司的总部都在加利福尼亚州山景城，仅一路之隔。23andMe 的联合创始人、生物学家安妮·沃西基（Anne Wojcicki）嫁给了谷歌公司的联合创始人瑟吉·布林（Sergey Brin）。其他约 250 家小型检测公司共享了剩余的 400 万客户。市场中还有更多的潜在用户。根据毕马威会计师事务所（KPMG）的一项调查，60% 的消费者有意尝试使用 DNA 检测套件，2020 年该领域的市场收入超过 10 亿美元。不过，这个数字具有一定的误导性，因为对于许多公司而言，唾液受测者提供的资料将会带来极为丰厚的利润，而 DNA 检测套件的销售收入只占其中的一小部分。我们将在后文进行阐述。

DNA 超市并非在一夜之间激增的。23andMe 网站在 2007 年推出第一个商用 DNA 检测套件时，想要参与唾液检测的人必须支付 1 000 美元，这只有富人和名人才能负担得起。随着检测价格的不断下降，唾液受测者的数量呈指数级增长。一年后，价格就下跌到原来的三分之一。现在大多数公司的检测价格还不到 100 美元。

如今，此类服务的商业广告随处可见。你很容易就能在街边药店、楼顶广告牌或电视广告中看到 DNA 检测套件的宣传广告。基因检测正向我们飞奔而来，融入我们的生活。

蕴含生命密码的"面条"

如果你可以放大体内的某个细胞，在充满细丝、黏膜和细胞器的迷宫中前进，你将会看到一个截然不同的气泡——细胞核，即细胞的遗传控制室。进一步放大细胞核，你会看到一个细长的"面条"——DNA（脱氧核糖核酸），它包含着地球上几乎所有生物的基因信息。

DNA 是由 4 个被称为脱氧核苷酸的化学单元组成的长序列，每个化学单元都包含一个不同的化合物：腺嘌呤（A）、鸟嘌呤（G）、胞嘧啶（C）和胸腺嘧啶（T）。这四种化学成分组成了基因字母。它们就像页面上的字符一样，通过组合形成了细胞可以读取和解析的一系列指令。由于脱氧核苷酸 A、G、C 和 T 是 DNA 的字母，因此从现在开始，我将它们称为"字母"，不再使用它们的专有学术名称。每个人的 DNA 都包含 32 亿个字母，这些字母构成了用遗传密码书写的短语、章节和海量信息。现在，我们进一步放大 DNA，观察它的详细结构。我们会发现，这是一个人类进化的完美例证。这个看似简单的字母链实际上是一个双螺旋结构，就像是一个两股平行排列并盘旋缠绕的楼梯，相对股的字母配对后形成了台阶。1953 年，詹姆斯·沃森（James Watson）和弗朗西斯·克里克（Francis Crick）在罗萨琳德·富兰克林（Rosalind Franklin）和莫里斯·威尔金斯（Maurice Wilkins）的开创性工作的基础上，发现了 DNA 分子的双螺旋结构，并阐述了其奇妙的特性。例如，对应股上的字母配对遵循严格的规则：一股上的"A"仅与另一股上的"T"配对，而"G"仅与"C"配对。由于这种强制性配对，双螺旋的两股具有互补性。如果在一股上具有某个字母，那么在另一股上就会自动出现对应的字母。例如，如果在一股上有字母序列 ATTTCGA，那么在另一股上就会出现 TAAAGCT，以此类推。基于此规则，双螺旋可以创建自身的副本，这是单股分子链永远也无法实现的功能。细胞开始繁殖并需要复制其 DNA 时，双螺旋将会打开。细胞会将每一股用作模板，从中构建与模板配对的互补字母序列。此过程结束时，会产生两个相同的原始双螺旋副本，等待被分配到每个新细胞。正是如此简单而优雅的机制构成了这个星球上所有生命的基础。

染色体和基因

除了在成熟过程中失去细胞核的血红细胞外，我们体内的每个细胞都包含一份完整的 DNA 副本。如果你拉开单个细胞的 DNA，你会发现它的长度会达到两米。但是，这个细长的"面条"竟然能被塞进一个只有几微米的细胞核中。这是因为双螺旋缠绕在"组蛋白"的"线轴"蛋白质周围，堆积并盘绕多次以形成染色质。这种染色质是一种由 DNA 和组蛋白制成的极其致密的纤维。

染色质可分成若干块状物，即染色体。每条染色体都是遗传材料的一部分。遗传物质是一个紧密包装的内含数百万字母的 DNA 字符串。染色体的数量和大小因物种而异。人类有 23 对总共 46 条染色体，分别来自父亲和母亲。在细胞分裂前不久的阶段，可在显微镜下观察到染色体，它们在细胞核内以不同大小的棒状形态出现。其中两条被称为 X 和 Y 的染色体组合起来后决定了性别：雌性为 XX，雄性为 XY。其余染色体根据其大小从 1 到 22 进行编号。

每条染色体包含几千个被称为基因的信息单元。每个信息单元由几千个 DNA 字母组成。如果你将染色体视为一本遗传学书的分卷，那么基因就是其中由字母构成的具有精确和一致信息的章节。根据最新的研究，我们体内有大约 21 000 个基因。根据传统定义（目前已发现很多例外情况），每个基因都是可以编码出不同蛋白质的一段信息。蛋白质是所有细胞和有机体的基本组成要素。虽然基因在细胞核中默默存在，但它们编码的蛋白质却完成了生命所需的所有工作。细胞、器官和组织的骨架均由蛋白质组成。被称为"酶"的蛋白质催化所有生化反应和代谢循环。激素、各种化学信使[①]、毛发、皮肤、蚕丝、蜘蛛网和许多动物毒素都是蛋白质。某些蛋白质的工作是调节基因编码的活性，产生反馈效应。人体内的每一个基因，都有相应的蛋白质为其辛勤地工作。

有趣的是，基因只占我们 DNA 的 2%~3%。也就是说，我们的大部分遗传物质不编码任何蛋白质。这让研究人员困扰了数十年。我们经历了数百万年的自然选择，怎么可能一直携带这么多毫无用处的 DNA呢？如果这些 DNA 没有任何用处，那为何我们体内的细胞还要制造和维护这么多昂贵的化学物质呢？从进化论的角度来看，这是非常荒谬的行为。这就像是每天有几十亿员工带着笔记本电脑、午餐，还有 200 千克的垃圾走入办公室。科学家们实在无法理解这些物质在人体中能起到怎样的作用，于是干脆将这些非编码序列不客气地称为"垃圾 DNA"，这种称呼一直沿用至今。然而，根据最近的研究，我们了解到，这种所谓的"垃圾 DNA"并非毫无用处；事实上，这种物质中含有大量的控制元素，可用于调节基因甚至整个染色体。我们将在"唾液样本的未来"中进行阐述。

由于我们继承了每条染色体的两个副本——一个来自母亲，一个来自父亲，因此我们也拥有每个基因的两个副本。这些基因的版本并不总是相同的，因此它们会对生物体产生不同的影响。这样，我们就会

---

① 化学信使：机体分泌的用于传递信息的化学物质。——译者注

想到另一个经常在 DNA 报告中看到的术语：等位基因①。每个等位基因是族群中存在的相同基因的不同变体。例如，在 4 号染色体上有一种名为 ADH 的基因，可以编码出一种能分解体内酒精的肝酶。某些版本的 ADH 基因（等位基因）可产生更具活性的酶，而其他版本则产生活性较低的酶。如果你继承了两个"快速"的等位基因，你的肝脏就会产生更多的活性酶，因此会比拥有两个"慢速"等位基因的人更快地代谢酒精。继承一个"快速"和一个"慢速"等位基因的人的酒精代谢情况大致介于前述两者之间。这个例子并不完全准确（实际上，总共有七个 ADH 基因，每个基因都有不同的等位基因，这样就使事情变得更加复杂），但它说明了遗传学中的一个规则：我们继承了每个基因的两个等位基因，它们的组合会影响我们的性状。这条规则也存在例外情况，那就是位于性染色体中的基因。你还记得吗？雄性染色体是 XY，雌性是 XX，因此很显然：雌性在 X 染色体上的每个基因都有两个等位基因，但并没有来自 Y 染色体的基因；而雄性在 X 染色体或 Y 染色体上的每个基因均只有一个等位基因。基因检测考虑了这些情况。

此外，在细胞核外还存在一小部分 DNA，可在线粒体中找到。线粒体是一种微小的细胞器，就像是细胞的化学发电厂。专家认为，线粒体实际上是一种古代的细菌，在 14 亿 ~18 亿年前与第一批细胞相互融合，并与这些细胞一起进化。每个线粒体都有一个与细菌结构类似的环状 DNA，尽管其在整个基因信息中占比很小，但具有非常重要的作用。人类线粒体只有 37 个基因，但系谱学家非常关注这些微小细胞器的 DNA，这是因为它们只能从母亲那里继承，因此有助于追踪母系血统。

---

① 指位于一对同源染色体的相同位置上控制着相对性状（包括生物的形态、结构、生理特征）的一对基因。——译者注

超强图谱

如果没有科学家们的努力探索，成功完成人类首张完整的 DNA 图谱，那么很难想象后来会出现消费者基因组学。早在 1989 年，诺贝尔奖获得者雷纳托·杜尔贝科（Renato Dulbecco）就率先提出有关解码整个人类 DNA 的计划。用他的话来说，该计划类似于将人类送到月球上的太空计划：这两个计划在拟订之初，听起来似乎完全不可能实现，但一旦成功实施，都将使我们的知识水平向前推进好几代。

杜尔贝科提出该设想后，业界经历了一段沉寂期。随后，以英美两国为首的国际联盟开始着手实施"人类基因组计划"（HGP）。解密人类 DNA 成为人类历史上最雄心勃勃和最昂贵的科学项目之一。成千上万的研究人员投身其中，历时 15 年之久，总耗资估计超过 30 亿美元。它还引发了竞争集团之间声势浩大的"基因组战争"，有时甚至会引发政治冲突。HGP 于 2000 年完成图谱初稿，并于 2003 年正式发布了人类基因组的首张完整图谱。这是人类首次解码包含 32 亿字母的完整 DNA，并将副本编入档案，任何人都可以在线搜索和使用。

我们绝对没有高估此项工作的重要性。自 21 世纪初期以来，几乎所有最新读取的人类基因组和基因都会与该图谱进行比对，该图谱可用作解读 DNA 信息的参考。如果没有像杜尔贝科这类科学家的远见卓识和世界各地成千上万的研究人员的辛勤工作，我们根本不可能通过网络来探索我们的 DNA，基因组学仍将是一个无法实现的梦想。而有了这张图谱，研究人员就像是拥有了人类基因组的谷歌地球（Google Earth）软件。他们可以使用染色体导航，用基因组浏览器来定位基因或插入 DNA 中任何位置的坐标，并可随时放大观察。有许多工具都可以在互联网上免费获取，如 Ensembl（欧洲生物数据库）和 Genome

基因国度

基因网络如何改变生活

Data Viewer（基因组数据浏览器），而其他工具则包含在消费者基因组学套件包中。

　　HGP 计划的领导人、美国科学家弗朗西斯·柯林斯（Francis Collins）曾说过一句名言："人类 DNA 图谱'只不过是初期阶段的研究成果'。"他的意思是，尽管 DNA 图谱是一项伟大的历史性成就，但它只是遗传研究的一种工具，而非终点。HGP 的另一位关键人物，来自英国的诺贝尔奖获得者约翰·萨尔斯顿（John Sulston）爵士开玩笑地说，这张 DNA 图谱可能会让科学家们再忙乎一个世纪。差不多 20 年过去了，柯林斯和萨尔斯顿的言论显得无比贴切。DNA 就像一个尚未开启的宝盒，充满着无限神秘与惊喜，等待我们探索!

◉ 从基因到基因组

　　DNA 图谱不仅是技术上的飞跃，而且为我们以全新视角来观察基因信息奠定了基础。DNA 检测并不是什么新鲜事物，自 20 世纪 70 年代末以来，遗传分析已被广泛用于许多遗传性疾病的诊断和法医调查，正如美剧《犯罪现场调查》（*CSI*）爱好者们所熟知的情节。但是，这些检测仅限于单个基因或由几个基因组成的基因组。就像资源有限的探险家一样，研究人员在进行漫长而昂贵的 DNA 分析之前，必须谨慎选择目标，否则研究就可能走入死胡同。由于检测昂贵且耗时，而且具有技术难度，因此其只能用于受遗传性疾病困扰的家庭，或用于某些肿瘤的分子诊断。

　　21 世纪伊始，随着技术的发展和 DNA 图谱的问世（可用于参考），使得同时读取和分析个人的所有 DNA 信息成为可能。因此，"基因组"

和"基因组学"这两个术语开始流行起来。你会在许多现代生物学论文中发现很多后缀为"-omics"、"-omic"和"-ome"的词语,它们都表示"整体性"。根据这种趋势,术语"基因组"表示某个生物体的全部遗传物质,而"基因组学"则表示研究基因组的科学。基因组学的整体理念代表了一种范式转变:遗传学主要研究单个基因,而基因组学则研究所有染色体。

基因组工具就像一架带有 X 光相机的无人机。在检查 DNA 潜藏的问题时,科学家和医生们无须检查每一条染色体和基因,而是可以通过鸟瞰图快速扫描整个基因组,将突变快速锁定。或者,他们可以比较不同人的整体 DNA,以寻找影响个人性状、疾病易感性,以及让我们与众不同的其他特征等方面的个体差异。通过研究基因组而非单个基因,研究人员现在可以观察到以前未知的遗传机制,并且可以同时研究数百个基因的作用。为方便起见,在本书中,我将术语"遗传学"与"基因组学"用作同义词。这也是非常合理的,因为我描述的所有应用都是同时分析全部 DNA,因此属于基因组学的范畴。

基因组学的研究方法日益强大和完善,正在逐步取代研究和诊断遗传疾病的传统技术。同时,它也开辟了一个全新的市场,为那些身体完全健康但是对自己的 DNA 感到好奇的人士提供服务。然而,尽管 DNA 图谱非常重要,但它并未反映出人类的所有遗传变异性,也无法解释为什么我们每个人都完全不同。相反,它的设计并不具有个体性,而是建立在若干匿名捐赠者的 DNA 的组合之上,它呈现的是典型的人类基因组(用于整体物种而非个体参考)。要想让基因组学应用到个体,我们必须从单个图谱转移到多个图谱,将整体式参考变成可以解释个体差异的工具。

有差异的科学

我曾经做过只有那些遗传病人才会做的梦。我常常梦见自己与漂亮的超级名模亲密相处，她会突然问我："哦，亲爱的，你实在是太优秀了。你告诉我，我需要改变多少 DNA，才能变得和你一样优秀？"

正如你们所见，我长得一点也不像选美皇后，但是这个议题是有意义的，因为我的梦境引出了一个遗传学难题：在我的 DNA 中，究竟是哪部分让我与超级名模、体育冠军或好莱坞明星不同？你可以做一个类似的实验，想象一个看起来和你截然不同的人，然后思考，你们之间存在如此明显的差异，那你们之间究竟有多少 DNA 字母不同呢？通过解码和比较数千人的 DNA 信息后，遗传学专家给出了令人惊讶的答案：如果你随机抽取两个人，他们的 DNA 有 99.5% 到 99.9% 都完全相同，这意味着平均每 1 000 个字母中只有 1 到 5 个字母不同（根据不同的估算方法，具体数字有所不同）。如果我可以回到生命的初始阶段，知道要交换哪些字母不同，我就可以通过改变这些基因组，把自己变成莱昂纳多·迪卡普里奥（Leonardo Di Caprio）、伊德里斯·艾尔巴（Idris Elba）、斯嘉丽·约翰逊（Scarlett Johansson）或任何其他人的遗传副本。

遗传相似性也普遍适用于其他生物。我们与黑猩猩、老鼠和香蕉分别拥有 98%、85% 和 50% 的相同基因。这实在是令人难以置信，因为我们人类和其他生物拥有各种各样的面孔、肤色、外观和其他性状。每个人都可以轻松区分香蕉与猴子、猴子与人类、我与超模。但是，当你对个体 DNA 进行放大观察时，情况就不同了。比较不同人的基因组就像在玩"大家来找茬儿"的游戏。两个不同人的基因序列看似完全相同，但仔细观察就会发现其中存在着数百万个微小差异，就像在茫茫大

海中隐藏着无数基因的细针。遗传学家痴迷地寻找这些差异，因为它们有助于解释为什么每个人都是独一无二的。而个人基因组学的目标就是识别这些差异，了解它们如何影响我们的性状、秉性与健康。

下面，我们来探讨 SNP（Single Nucleotide Polymorphism，单核苷酸多态性，发音为"snip"），它是个人和消费者基因组学的生存基石。其名称看似复杂，但原理其实非常简单：SNP 就是不同个人的基因组之间存在字母差异的位置点。例如，如果我的 DNA 在某个位置具有字母"C"，而莱昂纳多·迪卡普里奥的 DNA 在同一位置具有字母"A"，那么这就是一个 SNP（术语"变异"是 SNP 的同义词，我在后文将两者互换使用）。如果你比较多人的 DNA，就会发现有些变异比其他变异更常见。我们来看一个示例（以下序列仅出于演示目的而创建）（图 1.1）：

莱昂纳多	...AGAGCACCATTGCCATGCATTCTAC*...
塞尔吉奥	...AT*AGCCCATTGCCATGCATGCTAA...
斯嘉丽	...AGAGCACCATTGCCATGCATTCTAA...
伊德里斯	...AGAGCACCATTGCCATGCATTCTAA...
查理兹	...AGAGCCCCATTGCCAC*GCATGCTAA...
史努比	...AGAGCCCATTGCCATGCATGCTAA...

* 罕见变异　　　SNP1　　　　　SNP2
（等位基因 A 或 C）（等位基因 T 或 G）

图 1.1　基因序列中的 SNP 示意图

从图 1.1 中，我们可以清楚地看到，不同人的 DNA 都存在一些变异（SNP1 和 SNP2），此外还有一些较为罕见的变异（已标注星号）。如果你将分析范围扩展到整个基因组，并且研究几千个人的 DNA（这正是许多研究项目的实施步骤），你就会发现一个类似的现象：某些 SNP 出现的频率明显高于其他 SNP。这就意味着不同人的 DNA 在这些位置上可能会存在差异。HapMap（人类基因组单体型图）计划和千人基因组计划等国际计划比较了来自不同族裔的数千人的 DNA，并协助编制了 dbSNP（单核苷酸多态性数据库），这是迄今为止最大的 SNP 数据库。这里面列出了每个已知的变异及其在不同人群中的出现频率。SNP 仅占人类总体 DNA 的一小部分，但却拥有庞大的信息量，这实在令人难以置信。根据定义，它们是人类基因组中最容易发生变异的部分。我们再次以"大家来找茬儿"这个游戏为例，使用 SNP 就像是与一个试图暗示答案的人一起玩游戏：每当 SNP 出现时，就有一支无形的笔在 DNA 的对应字母上圈起来，以标记它与众不同。

罕见遗传变异（被称为突变）总共有数百万种。突变与 SNP 之间并无本质区别，只是在语言表达上有所不同。因为突变、变异和 SNP 其实是一回事，是指不同个体之间存在的 DNA 字母差异，而它们之间的唯一区别就是在族群中出现的频率。

我们在哪里可以找到 SNP 呢？事实上，我们可以在基因组中的任何角落找到 SNP。有些位于基因内部或附近，有些则位于染色体的非编码区域，甚至位于线粒体 DNA 中。SNP 是当代 DNA 研究的主要内容，并被广泛用于消费者基因组学，因为它们可以让科学家在寻找个体遗传差异时快速扫描基因组。

SNP 分析的结果通常称为基因型（genotype）。该术语具有更广泛的含义，适用于我们能从个人 DNA 中获得的任何数据集。但在消费者基因组学中，它通常指的是你拥有的变异。例如，具有 SNP rs6152 的 AG 基因型的男性秃头风险更高（AG 表示某人在一个等位基因中有字母"A"，而在此位置的另一个等位基因中有字母"G"）；而具有 AA 等位基因的人则不容易秃顶。

随着研究的进展，我们逐渐清楚，SNP 并非人类遗传变异的唯一原因。插入缺失（Indel）是由少于 1 000 个 DNA 字母的额外（插入）和遗失（缺失）字符串构成的个体差异。拷贝数变异（CNV）与插入缺

失类似，但是包含较长的 DNA 字符串（大于等于一千个字母），可容纳一个或多个基因。拷贝数变异和插入缺失曾被认为是无关紧要的变异，但现在被认为与 SNP 一样，是导致个体变异性的重要原因。

另一种新出现的变异机制是所谓的表观遗传修饰，这是一系列改变染色体结构的高层级变化。如今，有越来越多的证据表明这些机制在生物学中的重要性。我将在后文"唾液样本的未来"中探讨这个话题。

第二章

你好，表亲！

　　J.P. 是一个四十多岁的已婚男人。照片中的他面带微笑，淡定自若。资料显示，他目前生活在纽约，在一家优秀媒体公司工作。我们原本是生活在大西洋两岸的陌生人，但是有一天，J.P. 在 23andMe 网站上向我发来了好友添加请求，于是我们开始了联系，就像大家使用 Facebook（脸书）、Twitter（推特）或 Instagram（照片墙）交友一样。区别在于，我们的社交纽带并非双方喜欢的电影或音乐、一起上过的学校，或者在社交媒体平台上经常分享的其他内容，而是我们共同的 DNA 序列。我参与唾液 DNA 检测，原本是希望深入研究我的基因组，探寻自己未来健康的秘密。但是，通过 DNA 检测，我发现了一个围绕我的基因所建立的一个庞大的社交网络，一个能让我与世界各地的陌生人建立联系的 DNA 平台。

　　自从我的唾液样本被取走并寄往加利福尼亚州以来，发生了许多事情。当样本到达目的地后，我的 DNA 被提取、解码并存档。然后，一个名为 Relative Finder（血脉搜寻）的应用程序将我的档案与所有其他客户的档案进行比较，旨在寻找我的家族成员。

　　结果表明，J.P. 和我是第五代表亲关系。在欧洲的某个地方（很可能在都灵^①附近，我们稍后就会知道），我们有一个共同的曾曾曾祖父或曾曾曾祖母。但是每个人都有成千上万的远房表亲，而 J.P. 只是我的众多表亲中的一员。在 Relative Finder 上，我的表亲队伍在不断壮大，就像在 Facebook 上不断增加的新朋友一样。如果我们往前推五代，假设我们的每个前辈都有两三个孩子，并且代代繁衍生息（研究人员认为这些数字是相当准确的平均值），那么我们每个人的第五代表亲上的成员数量将达到 4 700 人，这足以塞满一个中等规模的礼堂。

在我的 23andMe 的档案上，这个群体的人数一直在缓慢增加。最初时仅有几个人，而随着越来越多的人注册服务，以及 Relative Finder 的高效匹配，现在已经发展成为一个庞大的家族。我的大家庭现在共有 1 800 个成员，还在不断增加，我们每个人都有自己的个人资料和一个"添加好友"按钮，我可以很方便地联系他们。如果没有这个基因组匹配系统，我很难在网络或现实生活中与这些人相识。我有一位第四代表姊妹埃莉诺（Eleanor），根据 Relative Finder 中她的个人资料（附有照片），她是拥有乌克兰和爱尔兰血统的美国居民。还有一位目前定居在美国费城的第五代表姊妹玛丽（Marie），已 90 岁高龄。她与我母亲一样，都来自西西里岛的同一个小镇。在加拿大，我还有一位表姊妹凯瑟琳（Kathleen），她在 1981 年通过配子捐赠出生。她非常渴望找到自己的亲生父亲。"我只想找到我的家人"，她在个人资料中发布了寻人启事并且贴出一张自己和小儿子的照片。我还有一位第三代表兄弟奥雷里奥（Aurelio），目前居住在意大利。他是一个六十多岁的男人，我们之间有一段非常接近的 DNA 片段。我需要花费几十年的时间进行"沙发旅游"^②，才能遍访我所有的表亲。哪怕只有一半的人邀请我参加家庭

① 意大利北部的一座城市。——译者注
② 指通过网络认识，到对方所在的国家或城市旅游时借宿对方家客厅的互助旅行方式。采用这种方式旅游的人被称为"沙发客"。——译者注

庆典活动，我在余生中都将不停地参加各种婚礼、洗礼、首次圣餐、感恩节和毕业典礼，那将是多么可怕的经历啊！

我应该如何应对这些准亲戚？他们对我来说有何意义？

全新的社交网络

我们经常会将 DNA 技术与白大褂联系起来，即那些硬科学[①]研究人员，以及从事判断、治疗疾病的医生，或通过遗传线索寻找真凶的侦查人员。但是，J.P.、凯瑟琳、奥雷里奥和我并不是医生或者警察，我们只是普通老百姓。当我们坐在家中的沙发上，孩子们正在旁边看着奈飞（Netflix）电影，厨房里正热气腾腾地煮着意大利面条时，我们用手机建立了联系。我们通过基因组在数字世界中建立社交关系，就像在Facebook 或 YouTube 上共享照片、消息或视频一样。

基因组社交网络标志着我们管理生物信息的方式发生了范式转变。我曾经认为我的基因组报告就是一套诊断和预测性检测，这是一个非常隐私的问题，最多可以与我的医生或好友进行私下探讨。而现在，我发现自己被放置到一个平台上，需要与成千上万的陌生人共享我的基因组，这是一个非常成熟的 DNA 社交网络。23andMe 的联合创始人安妮·沃西基在谈到自己的公司时曾说："我想获取自己的基因组信息，并且想用它建立一个社交网络。"

从某种角度来说，Relative Finder 的匹配结果总是正确的。它获取客户的 DNA 信息并进行比较，并告知用户它们之间的紧密关系。这个

① 指自然科学与技术科学两大系统交叉发展学科的统称。——译者注

系统比较科学可靠，但是我们的家族史早已消失在时间长河中。当我们在网络上首次相识后，科学工作就此告一段落，接下来主要就是回忆工作。为了确认我们的家族关系，我和我的表亲们需要比较我们祖父母的姓氏、祖籍、居所的变迁，以及我们目前了解的有关祖先的所有信息，然后记录下来，代代相传。当我和 J.P. 成为"好友"之后，我们可以看到彼此的更多信息，就像使用其他社交网络平台一样。J.P. 的个人资料包括一长串他已知祖先的姓氏和出生地，有些能与我的祖先匹配，或者唤起我的记忆。他的某些祖先来自意大利北部的皮埃蒙特（Piemonte）地区，我和我父亲也出生于此地。而且，我们还拥有一些相同的家族成员，这充分证实了我们具有亲戚关系。在这个非凡的社交网络上，分享彼此祖先的详细信息是常规礼仪的一部分。此外，还有诸如 Ancestry.com 这样的专业平台，可以帮助人们回忆，将个人遗传资料与来自庞大系谱数据库的世界各国注册者的档案和家庭树① 资料进行交叉比对。

　　J.P. 和我现在已经成为网络"好友"。我们彼此约定，如果我有机会路过纽约，或者他有空来到我居住的托斯卡尼（Tuscany）附近，我们就好好聚聚。尽管我们目前仍未谋面，但是我觉得如果我们将来能有机会相聚，把酒言欢，聊聊我们共同的祖先，那将会非常有趣。毫无疑问，J.P. 是个好人。然而，仅依靠真假难辨的遗传相似性而不是通过实际接触来建立新关系是一种全新的却有些令人恐惧的体验。从统计学角度来说，我的 1 800 多个表亲的大家族中肯定包含很多无聊的人，甚至是罪犯！ 我这辈子都不想和这些人见面。

　　为了避免混淆，Relative Finder 把我的联系人称为"遗传亲属"或"DNA 表亲"。纽约哥伦比亚大学的社会科学家阿朗德拉·内尔森

① 指包含所有家庭成员的一张树状家庭关系图，可展示自己与家人、亲戚的血脉关系。——译者注

（Alondra Nelson）认为，这种定义有些多余，因为"表亲"和"亲属"这样的词语已经表明了生物遗传联系，无须再使用"DNA"和"遗传"这类词语进行限定。内尔森指出，这种冗余定义表明 Relative Finder 提供的是一种不精确的谱系，通过这个平台找到的联系人虽然具有遗传学上的关联，但与我们的原生家庭成员仍有很大区别。

当我查看自己在 Relative Finder 上的资料时，深深感受到了这种谱系的不精确性。正如 Facebook 通过将在线联系人变成"好友"，重新定义了朋友的概念一样，23andMe 也为我提供了一个全新的陌生人群体，让我把他们视为家庭成员，从而重新定义了亲戚的概念。在社交网络时代之前，"朋友"的定义是明确的，我们非常清楚，在日常生活中与自己关系密切的少数人才是自己的"真正"朋友，而在 Facebook 上的"好友"只不过是在线联系人。现在我应该如何看待我在 23andMe 上找到的第三代或第四代表亲呢？他们是我的表亲、远亲、路人，还是其他人？需要多近的亲缘关系才能将某人视为家庭成员呢？我们目前还没有合适的词语或参考资料来定义这些全新的遗传准亲戚，所以可能很难将他们与我们的原生家庭成员进行区分。

DNA 大抽奖

Relative Finder 到底是如何确认不同人之间的家庭联系呢？我们很容易想到一个答案，即基因组越相似，人与人之间的亲缘关系就越密切。而事实上，要想判断两个人在多大程度上具有亲缘关系是一个非常复杂的过程。我们人类有共同的祖先，所以，无论是否具有亲戚关系，我们的 DNA 都是相似的。因此，要确认亲缘关系，不能只比对人们之间有多少相同的 DNA 字母，因为这种差异性实在是太小了，以至于我们每个人看上去都具有亲缘关系。

Relative Finder 不会比较字母的序列，而是将每个染色体分成若干区块，判断不同个体间的染色体区块的差异，并以此为基础来确定亲缘关系。亲兄弟之间拥有相同的包含数百万字母的较长 DNA 片段。相比之下，第一代表亲相同的染色体块数量相对较少且长度较短，以此类推，当延续到第十代左右时，这个搜寻系统就再也无法追踪任何家庭亲缘关系。这种遗传现象称为互换（crossing over），你上初中时应该学过。

在卵子和精子的结合过程中，来自母方和父方的各一对染色体在分裂时就会发生互换。互换过程中的分子变化细节非常复杂，但你可以把它想象成一场浪漫戏剧的高潮，父亲和母亲的染色体拥抱在一起，像恋人一样久久不愿意分开，而细胞系统则绞尽脑汁想要把它们拉开。它们最后的拥抱激情澎湃，紧紧缠绕在一起，并进行部分基因互换。父亲的染色体将从同源母亲的染色体中获取 DNA 块，反之亦然。

该过程将基因卡片重新洗牌，并在每一代中创造无数种的染色体组合。如果没有互换，染色体将以单块形式传递。后代中的基因组合将非常有限，遗传学将变得非常枯燥，物种将没有足够的遗传变异性来进化、抵抗感染以及适应环境变化。此时，你就可以看到这种基因重组对于 Relative Finder 来说非常有用。亲兄弟之间只有一次互换的差别，而第一代表亲则有两次互换的差别，以此类推。通过测量相同的 DNA 块的数量和长度（这些 DNA 片段被称为"同源相同基因"），这种算法可以估算出两人之间具有多少次互换的差异，并确认他们的关系。

雄性 Y 染色体是一个值得注意的例外。由于它没有雌性的对应染色体，因此不受互换的影响，并且从上一代到下一代几乎没有变化。我和我的兄弟拥有从父亲那里继承的相同的 Y 染色体，而我父亲则是从爷爷那里继承这种 Y 染色体，以此类推。显然，这一特征对于我们追溯几千年前的父系非常有用。

⊙ 家庭骨架

在 2013 年的喜剧电影《百万精先生》（*Delivery Man*）中，大卫·沃兹尼亚克（David Wozniak）[文斯·沃恩（Vince Vaughn）饰] 是一位捐精者，并因此拥有了 533 个亲生孩子，他不得不竭力隐瞒自己的身份。这部电影并未提及 DNA 社交网络，但是如果主角在这个网络上注册一个账号，那么他为保护隐私而进行的努力从最初就将注定失败。如果说有一类人能从 Relative Finder 上发现意外惊喜，那么肯定就是捐精者及其后代。

出生证明可能会随着时间推移而泛黄或丢失，姓氏也可能会拼错，但是我们的 DNA 可以世代相传，它就像藏匿在我们染色体中的一个黑匣子一样。我们可能是两位匿名捐赠者的孩子；我们可能与亲生父母失去联系；我们可能主动或不得已与亲戚们疏远；我们可能会移民到其他国家；我们甚至可能会更改我们的姓名、身份和个人详细资料。但不管怎样，我们总能通过 DNA 线索来寻觅到我们的谱系。尽管许多国家的精子库都会保证不透露捐精者的身份，但是如果将父子或兄弟姐妹的 DNA 文件上传到同一基因组社交网络中，系统会立即识别他们的关系，并透露给那些对此感兴趣的人。

2005 年，有位 15 岁的男孩成为首位将其 DNA 发送到在线系谱服务平台来寻找亲生父亲的人。而他的父亲是平台当初承诺不透露其信息的捐精者。这种情况现在非常普遍，以至于在 2016 年《人类生殖》

（*Human Reproduction*）期刊上发表的一篇科学论文正式宣称捐精者已不存在匿名保证。作者指出："有关各方必须意识到，在 2016 年，捐精者的匿名性将不复存在。"

即使你从未使用过基因组服务，且你的 DNA 文件也不在数据库中，你的后代仍然可以通过对基因组社交网络上收集到的信息进行三角定位 ① 来找到你。许多被收养者或通过配子捐赠出生的孩子们通过求助围绕他们 DNA 文件建立的表亲或同父异母（同母异父）兄弟的社交网络，同时收集有关其原生家庭的信息，成功找到了未在系统注册的亲生父亲。

随着消费者基因组学的不断发展，我们在网上看到了很多家庭团聚的感人故事。我曾经读过这样一个故事：一位 51 岁的女士（用户名：hippiemum）在 Relative Finder 上找到了她的亲生父亲，才知道抚养她长大的那个人并不是自己的亲生父亲。于是，她就在我关注的一个基因论坛上写下了她的故事。数百名用户纷纷为她提供精神支持和实用建议，试图帮助她与亲生父亲建立联络。故事的结局非常圆满：hippiemum（她后来透露了自己的真实姓名，以及她居住在美国佐治亚州的信息）最终联系到了她的亲生父亲，而且还联系到了她的祖父母，并与这对精神矍铄的老人建立了非常美好且亲密的关系。

然而，除了这些幸福美满的结局外，人们很想知道究竟还有多少故事以泪水甚至创伤收尾。根据数据统计，像 hippiemum 这样的经历并不少见。根据多年的分析，大多数遗传学家认为，实际上约 2% 到 10% 的人的父亲并非亲生父亲。这就为那句古老的拉丁语名言提供了科学理论的支持，即 Mater semper certa est, pater semper incertum est（母亲的身份总是确定的，而父亲的身份则不一定）。这就意味着，成千

---

① 意指利用多个来源的信息来确定事实或解决问题。——译者注

上万的唾液受测者的亲生父亲并非抚养他们长大的那个人。同样，成千上万的人可能会在 Relative Finder 上收到这样的消息：你好，爸爸！我想见见你。

《波士顿环球报》（*Boston Globe*）2019 年的一篇报道声称，支持人们通过唾液检测来寻找自己亲生父亲的团队数量正在增加。来自得克萨斯州的凯瑟琳·圣克莱尔（Catherine St Clair）与 hippiemum 的经历非常类似。她 55 岁时，发现叫了一辈子"爸爸"的男人并不是她的亲生父亲。这个消息对她来说如同晴天霹雳。从那以后，她组建了一个在线互助团队，目前成员数量已达到 5 000 多。她在网站上写了以下这段话："我们知道 50~70 年前是一个完全不同的时代，没有人预料到这些秘密现在能通过科学的手段被轻松解密。然而，我们现在深刻感受到了解密以后给人们带来的巨大创伤。我们希望随着这种全新易用技术的推广，人们的文化态度能不断改进，逐渐消除这种行为的'非法性'污名"。

你可能会认为，父亲身份的错误匹配会让想尝试使用 Relative Finder 的人们望而却步，但事实恰恰相反。许多人，尤其是那些已经知道或怀疑自己被收养的人，或者那些对自己的亲生家庭的真实性有疑问的人，都会使用在线基因组服务。他们的目标非常明确，就是要找到他们的亲生父母或亲兄弟姐妹。23andMe 甚至还鼓励每个家庭都参与 DNA 检测，"以便提升亲缘关系的体验"，并且拥有与兄弟姐妹和家庭成员重逢团聚的美好而快乐的回忆。

然而，对于某些人来说，这种经历简直就是一场噩梦。帕姆（Pam）和约翰·布拉努姆（John Branum）是来自美国的一对已婚夫妇。2014 年，当他们将自己的唾液样本和女儿安妮（Annie）的唾液样本寄送给 23andMe 进行 DNA 检测时，他们根本没想到这会披露一场震惊全国的重大丑闻。根据 Relative Finder 的检测结果，安妮的"亲生"父亲约翰甚至没有被列入安妮的"DNA亲戚"清单中，这引起了家庭成员的疑虑。安妮当时二十多岁，原本被认为是通过帕姆的卵子和约翰的精子在体外受孕而生。她的表亲网络与其父亲的表亲网络完全不符。根据系谱学家的建议，布拉努姆夫妇将安妮的唾液样本寄送到其他DNA系谱平台，最后发现安妮的亲生父亲是托马斯·利珀特（Thomas Lippert），他在犹他州的一家生育诊所工作。二十几年前，布拉努姆夫妇曾在那里做过人工授精手术。据称，利珀特用自己的精液替换了约翰和许多其他捐赠者的精液。利珀特在这次精子调包事件被披露之前就已经去世。他是一位大学教授，长期酗酒，而且因犯重罪而被判刑，曾参与绑架他的一名女学生进行心理实验。

本次事件曝光后，媒体纷纷表示强烈谴责，要求这家生育诊所必须公开道歉，并要求有关部门对其进行审查。总之，这一新闻并非我们期待的结果。有些时候，事情并不会像公司网站所说的那样，DNA检测能够帮助家庭"提升亲缘关系的体验"。

从医学的角度来看，分子系谱学是保持中立的，因为它没有提供与健康直接相关的信息，但它却会带来很多意外事件。到目前为止，我在Relative Finder上只找到了自己的远亲，但是随着数据库不断扩大，我能确保将来不会有意料之外的孩子或兄弟姐妹来造访我的网络空间吗？我虽然一直信任我的父母，但我能确保他们从来没有搞过婚外情吗？我能确保我的同父异母或者同母异父的兄弟姐妹不会在某一天突然来到我面前吗？我当然不能。无论你的想法是多么单纯，只要你试图寻找自己的远房表亲，都很可能会发现有关自己基因遗传的意外事件和令人震惊的事实，你需要做好这方面的思想准备。

⊚ 系谱搜寻

　　1979年，迈克尔·杰克逊（Michael Jackson）发行了他的突破性专辑《疯狂》（*Off the Wall*），英国爆发了自1926年以来最大的一次公共部门罢工，阿亚图拉·霍梅尼（Ayatollah Khomeini）[①] 返回伊朗，旅行者1号飞船[②] 拍摄到了木星的光环。同年，哈佛商学院的年轻学生丹·布莱克林（Dan Bricklin）开发了世界上第一个在个人电脑上运行的电子表格软件VisiCalc。由于以前从未出现此类软件，无数人争先恐后地购买电脑，只为能够运行这个软件。这个电子表格软件将家用电脑从书呆子的玩具转变为"必备"的商用办公工具，从而导致整个行业的爆炸式增长，并推动该行业掀起一场改变世界的革命。如果某个应用程序非常实用或满足需求，能够决定某项技术的商业成功，那么在营销术语中，它就被称为"杀手"。后来，史蒂夫·乔布斯（Steve Jobs）将VisciCalc称为电脑时代的"杀手级应用程序"。

　　在DNA时代，系谱学就像当年的VisciCalc一样，是一种"杀手级应用"，将DNA检测从早期只有少数人使用的小众服务变成如今非常流行的大众服务。在消费者基因组学问世之初，大家普遍认为医疗应用将成为其吸引用户的主要途径。但事实证明，如今大多数消费者购买DNA检测套件主要是为了寻觅他们的祖先和分布在世界各地的亲戚。在DNA检测问世以前，系谱搜寻就已经广受欢迎，并且建立了庞大的全球市场。在美国，它已经成为大众的第二大日常爱好，仅次于园艺。系

---

① 伊朗什叶派宗教学者，1979年伊朗革命的政治和精神领袖，被称为广受支持、别具魅力的领袖，什叶派学者视他为伊斯兰复兴的战士。——译者注

② 旅行者1号是由美国宇航局研制的一艘无人外太阳系空间探测器，于1977年9月5日发射，是第一个提供了木星、土星以及其卫星详细照片的探测器。——译者注

谱爱好者社区的成员总计约 9 200 万人，主要分布在北美、澳大利亚和英国。在澳大利亚、加拿大、德国、瑞典、英国和美国，约有 36% 的成年人使用互联网来了解他们的家族史。根据欧盟的一份报告，目前欧洲人对于系谱搜寻的花费和兴趣也呈指数级增长。BBC（英国广播公司）曾拍摄了一部有关系谱的系列纪录片《寻根问祖》（*Who do you think you are*），取得了巨大的成功，目前已播出 13 季，并在 18 个国家和地区发行了多个国际版本。

此外，消费者基因组学的横空出世彻底改变了系谱行业。总部位于美国犹他州的 Ancestry.com 和以色列的 Myheritage.com 是两个世界上最大的系谱网站。在 DNA 检测套件面世之前，这两个网站的数据库中就已经存储了 4 500 万个家族档案。此外，还有些小型网站发展的也不错，比如名字有些怪异的 Findagrave.com 或英国网站 Findmypast.co.uk，目前拥有 1 800 万个用户。Ancestry.com 和 Myheritage.com 是最早提供 DNA 基因血统检测的公司，现在已经发展成拥有数百万个唾液受测者的遗传社交网络，后来，几乎所有系谱公司都遵循这种模式发展。

如今，越来越多的人投入系谱研究中，关注健康产品的消费者也日益增多。DNA 检测服务也想乘势而上，努力寻求市场成功。系谱学正在吸引越来越多的客户参与唾液检测，并已成为整个行业的最大驱动力。它有力地推动了消费者基因组学的发展，没有任何其他应用可以与之匹敌。根据美国疾病控制中心（CDC）的说法，系谱 DNA 检测套件在日益流行的同时也推动了其他类型基因检测的应用，尤其是在捆绑销售时更是如此。

第三章

亚当和夏娃，重装上阵

基因国度

基因网络如何改变生活

在一条荒无人烟、尘土飞扬且充满危险的道路上，一群人正在缓步前行。女人们怀抱婴儿，男人们紧握武器，警惕而惶恐地四下张望。如果运气不错的话，他们能吃到肉，但平时主要以水果、种子和蛤蜊为食。这些人就是6万年前非洲之角①的智人（Homo Sapien）。尽管生活在茹毛饮血和刀耕火种的时代，但智人的DNA、生物特征及大脑和我们现代人一样发达。如果他们的孩子出生在现代社会，那么他（她）肯定会和现代孩子一样正常上学，也会骑自行车或使用智能手机，甚至还会设计出某种新产品来。他们的祖先已在非洲繁衍生息了数千年。他们拥有超凡智慧和无穷创造力，族群遍布在非洲大部分地区。很多人都成功地在这块大陆上驻留下来并繁衍生息，将后代延续至今。但是，我们前面所述的这群人并没有留下来。他们经历了一场全球性气候灾害，饥肠辘辘、惊慌失措和绝望无助的他们只想逃离这块不毛之地。

当时，地处北方的欧洲正经历着一场极寒气候，大量的江河湖泊都

---

① 位于非洲东北部，是东非一个半岛，在亚丁湾南岸，向东伸入阿拉伯海数百千米。它是非洲大陆最东的地区。——译者注

冻结成冰。非洲因此失去水源，变得愈发干旱。热带稀树草原①几乎变为一片沙漠，居住在那里的人们（至少其中一部分人）一直想要逃离这块土地，寻找更适宜居住的地方，但是历经数代，他们仍然被困在非洲东海岸。文中所述的这群人便是如此。

我们虽然无法确定人类离开非洲的确切时间，但是根据资料，大概是距今8万~6万年前。我们甚至不知道这些智人是怎样穿越红海的，他们可能是在水域狭窄的非洲之角的"尖部区域"搭乘原始的独木舟离开的，也可能是从陆路向北迁徙，直至阿拉伯半岛。毫无疑问，许多智人族群在逃离非洲的途中惨遭灭绝。但可以肯定的是，还是有一小部分人类成功抵达了青山绿水的阿拉伯半岛，并在那里繁衍后代。我们是通过研究自己的DNA了解到这些的。DNA就像一个黑匣子，记录了人类几万年的迁徙历程。

生命之河

进化论学者理查德·道金斯（Richard Dawkins）在其著作《伊甸园之河》（*River Out of Eden*）中，将人类的基因比作经历几千年的进化而分支成数百万条较小的信息溪流。其中一些小溪已经干涸，而其他溪流继续缓慢流淌，直至今日。通过观察现代人类的DNA，我们就可以追溯历史，寻觅我们的遗传起源。

从1950年到20世纪末的几十年中，卢卡·卡瓦利－斯福扎（Luca

---

① 指在热带干旱地区以多年生耐旱的草本植物为主所构成的大面积热带草原，其间还混杂生长着耐旱灌木和非常稀疏的孤立乔木。——译者注

Cavalli-Sforza）一直在潜心研究基因地理学并取得突破性成果，因此被称为基因地理学之父。基因地理学是一门研究族群 DNA 的多样性及其历史演变的学科。人类自诞生以来所经历的各种迁徙、族群危机，甚至持续发生的自然灾害，都留下了很多遗传痕迹，我们可以从现代人类族群中发现。像卡瓦利－斯福扎这样的基因地理学家还有很多，他们用数十年的时间环游世界，分析来自各个族群的 DNA。许多基因地理学家至今仍在坚持不懈地进行这项工作，从世界各个角落收集人类的基因信息，甚至包括最封闭的族群。此外，消费者基因组服务公司从唾液受测者收集了数百万个 DNA 样本，进一步完善了人类遗传史的知识。

正如我们所见，Relative Finder 最多只能向前追溯十代，约两百年的时间。与人类的漫长历史相比，这不过是弹指一挥间。如果要追溯 1 千年甚至 10 万年前人类的遗传历史，我们就需要使用更高效的工具，以寻找能将我们的 DNA 与远祖血统联系起来的线索。其中一种工具就是雄性的 Y 染色体（该染色体在显微镜下类似字母 Y 的形状）。Y 染色体仅包含 200 个基因，与其他人类染色体所含的基因数量相比要少得多。但是，父亲的 Y 染色体在遗传给儿子的过程中，几乎没有发生任何变化，这让系谱学家颇感兴趣。其他染色体都参与了遗传物质的互换和重组，但 Y 染色体这个淘气包却没有其他染色体可以配对，因为只有雄性有 Y 染色体，而雌性没有。就在互换热烈进行时，Y 染色体就像舞会上的呆瓜一样无所事事。因此，除非发生突变，否则 Y 染色体就像是家族遗物一样沿着父系脉络代代相传。比如，我的 Y 染色体与我父亲、祖父、曾祖父等父系成员的 Y 染色体相同。如果我有一个儿子，他会继承我的 Y 染色体并将其遗传给他的儿子。Y 染色体是追踪父系脉络的一个好工具。当然，它也存在缺点：只适用于男性。

母系线索是通过隐藏在线粒体内的一个奇怪但重要的环状 DNA 所提供。这种 DNA 具有细微结构，可比作化学电池，为细胞提供能量。

线粒体 DNA (mt-DNA) 具有两个对系谱学家非常有用的特性。首先，它仅通过母系遗传。这是因为精子没有线粒体，而卵细胞中却有很多线粒体。另一个有趣的特征是，就像 Y 染色体一样，线粒体 DNA 也不会参与互换，并且通过母系脉络代代遗传，同时保持自身不变。比如，我的线粒体 DNA 与我母亲、祖母、曾祖母等母系成员的线粒体 DNA 相同。从这个意义上讲，线粒体 DNA 就像是 Y 染色体的母系对应物，它提供了人类历史中母系脉络的发展线索。另外，线粒体 DNA 在细胞中的数量非常多，与染色体 DNA 相比，更容易从古代人类遗骸（例如木乃伊或遗骨）中提取，因此深受古人类学家的青睐。

探寻远祖血统的第三个要素就是时间。和基因组的其他部分一样，Y 染色体和线粒体 DNA 会随着时间的推移积累突变，就像生物钟一样有规律地进行。这种突变在古代是很常见的，而近年来出现了属于某些特定族群的典型突变。通过研究这些突变，科学家们创造了人类系谱树，人类从最早的智人开始，经历漫长的发展进化，就像道金斯的生命之河一样不断分支演变，最终进化到现代人类。突变被分成若干群组，称为单倍群，每个单倍群就像是一个用于辨识进化长河中某个溪流的分子条形码。几千年来，当人类被迫迁徙或遭遇冰川、沙漠、高山、海洋或其他自然屏障时，族群被迫分离，人类的 DNA 就会产生分化，并在 Y 染色体和线粒体 DNA 中形成新的父系和母系的单倍群。

你好，伟大的妈妈！

用单倍群来做标记，我们就可以沿着生命之河追根溯源，并且发现惊人的事实。例如，我们通过人类单倍群往前追溯，就会发现我们人类拥有共同的祖先，就是一对男女。在遗传学的语言中，这两个祖先被称为"最近共同祖先"（MRCA），而大众媒体则将这两个人称为"基因学上的亚当与夏娃"。

在神创论者准备高声欢呼之前，我们必须先澄清一点：这两个人类共同的祖先与他们的同名圣经人物无关，而且他们也不是地球上的第一对夫妇。他们只是我们通过将已知所有母系和父系遗传分支向前追溯后找到的两个假想出来的人。毫无疑问，这两位祖先一定存在。根据最新的研究成果，我们发现两位"最近共同祖先"分别生活在距今约17万年和30万~16万年前的非洲。

在道金斯的类比分析中，"最近共同祖先"是我们可以通过单倍群所能达到的生命之河的最高分支。我们当然知道，即便是"最近共同祖先"也肯定还有其父母和祖先，但是我们无法往前追溯。我们能找到这两位"最近共同祖先"也是偶然。由于种种原因，到目前为止，母系和父系各只有一条分支幸存下来，而其他分支都灭绝了，就像我们假想的生命之河有很多支流干涸一样。我们对"基因学上的夏娃"知之甚少，只知道她拥有线粒体单倍群"L"（单倍群用单个字母来表示）。我们还知道，她至少有一个长大成人的女儿，而她女儿也至少生育了一个女孩，以此类推，将她的母系脉络一直延续至今。

我们对"基因学上的亚当"也知之甚少，只知道他拥有Y染色体并携带单倍群A，而且他一定有一个儿子，而他的儿子也一定至少有一个儿子，以此类推，将他的父系脉络延续至今。我们的母系和父系祖先可能都来自非洲，这并非巧合。有研究证明，在20万至50万年前，智人出现在非洲大陆。

🦴 来自未来

　　许多公司提供远祖血统搜寻程序，可以用来查找自己的母系和父系单倍群。这相当于跳进 DNA 时间机器来探索人类的历史。

　　我的母系单倍群称为 I-1，从单倍群 I 分支出来，这个单倍群 I 可以追溯到一个 2 万年前生活在中东或高加索地区的女人。单倍群 I 是单倍群 N 的一个分支，而单倍群 N 与 M 都是源自一个更古老的非洲单倍群 L-3 的两个分支，而单倍群 L-3 又源自我们的基因夏娃拥有的单倍群 L。我的 DNA 之旅只需四步（I-1、N、L-3 和 L），就像一部倒放的电影，把我从现代带到 18 万年前生活在非洲的人类共同祖先那里。

　　单倍群 N 和 M 这两个分支起源于大约 59 000 年前，当时人类已经离开非洲，抵达阿拉伯半岛，因此他们是所有非非洲单倍群（non-African haplogroup）的始祖。带有单倍群 N 的族群向北迁徙，最终抵达欧洲的安纳托利亚（今天的土耳其）。带有单倍群 M 的人则向东迁徙，最终抵达印度尼西亚和大洋洲。在今天的撒哈拉以南的非洲族群中，例如班图人（Bantu）[①]，仍然可以发现与基因夏娃相同的单倍群 L。当人类离开非洲时，只带走了当时族群的一部分遗传变异特性，这些变异仍可以在如今的非洲族群中找到踪迹。这就是为什么非洲比任何其他大陆都拥有更丰富的单倍群，并且还是人类遗传多样性最丰富的地区。

　　正如你所料，我的母系和父系单倍群的故事并不重叠，因为它们来自不同的祖先，但它们都是起源于非洲。我的父系分支起源于 1 800 年前，我的始祖很可能是一个具有德国血统的人，这摧毁了我家

---

① 非洲最大的民族，主要居住在赤道非洲和南部非洲国家。——译者注

族中流传的我的父系祖先是伊特鲁里亚人①（我与伊特鲁里亚人的单倍群不同）的传说。我更有可能是来自罗马帝国时代的野蛮人的后裔。有意思的是，根据我的基因档案，我拥有爱尔兰血统，可能与爱尔兰至高王尼尔（Niall of the Nine Hostages）②、爱尔兰国王和从第 6 到第 10 世纪统治爱尔兰北部的伊·内伊尔（Uí Néill）王朝的祖先们一脉相承。尼尔可能只是一个神话人物，并非真实存在的人，但是伊·内伊尔王朝是确定存在的。我的 Y 染色体资料也充分表明，我可能与那个古老的爱尔兰王朝有一定关系。但是，在我宣称自己拥有贵族血统并寻根问祖之前，我必须清楚一个事实：研究表明，尼尔可能是爱尔兰历史上拥有最多子嗣的男人。据估计，有 200 万 ~300 万具有爱尔兰血统的男人都是他的父系后代。

❖ 尼安德特人血统的诱惑

远祖血统搜寻软件甚至可以发现居住在欧洲的最早人类（即尼安德特人）的踪迹，即使他们与我们现代人类属于不同的物种。有些研究人员认为，尼安德特人和智人属于不同的"亚种"（亚种是"种族"的科学术语），而并非不同的物种。尼安德特人身强力壮，适应寒冷的气候，比他们的"智人"近亲更早出现在欧亚大陆，这两个族群共同生存了

---

① 意大利伊特鲁里亚（Etruria）地区古代民族，居住在亚平宁山脉（Apennines）以西及以南台伯（Tiber）河与阿尔诺（Arno）河之间的地带。——译者注
② 爱尔兰至高王尼尔是爱尔兰历史上一位著名的国王。据传他在公元 4 世纪至 5 世纪统治了爱尔兰，并且是爱尔兰九个王朝之一的始祖。他的名字"尼尔"意为"勇敢的"。传说中，他名下有九个人质，每个人质代表着一个部落，这些部落后来成了爱尔兰的九个王国。——译者注

数千年。这让专家们怀疑他们是否曾彼此婚配，从而融合了部分基因。2020 年，一个国际联盟着手研究尼安德特人的远古遗骸，并将其与当今人类进行比较，最终完成了尼安德特人的 DNA 图谱，从而揭晓了谜题。结果表明，我们人类的 DNA 中含有部分尼安德特人的基因，约占非非洲族群基因组的 2%~4%。因为性交是人类混合 DNA 的唯一方式，因此在某个历史时期，尼安德特人和现代人类的祖先异性肯定碰撞出了爱的火花。如果你看过尼安德特人的实体模型，你可能会对此表示怀疑，但是 DNA 不会说谎。

基于这些发现，许多消费者基因组检测套件会将你的 DNA 与尼安德特人的 DNA 进行比较，并告知你们拥有哪些共同基因。而这种操作几乎没有什么实际意义，因为我们并不知道自己的哪些性状取决于尼安德特人的基因。如果你身材短小粗壮，身体多毛并且前额倾斜，那么你很可能受智人基因的遗传变异而不是受尼安德特人 DNA 的影响。但是这个应用程序很有趣，许多人会在社交网络上晒出他们的尼安德特人的血统百分比。我也忍不住发了推文："我拥有 3.6% 的尼安德特血统！"

第四章
遗传混血儿

基因国度

基因网络
如何改变生活

　　保罗·克雷格·科布（Paul Craig Cobb）面色苍白、身材修长、胡须花白、目光如炬，钟爱枪械，是白人至上主义者集会的常客，你可以在那里找到他。在美国，科布是著名的种族主义鼓吹者，拥有大量狂热的粉丝。他在网络上大肆宣扬仇恨言论，甚至企图将北达科他州的利斯（Leith）小城打造成为一个"纯白人"的小镇。2013 年，科布同意在日间电视节目《特里莎·戈达德秀》（*Trisha Goddard Show*）中接受 DNA 检测，没想到这让他成为科学种族主义的不情愿的英雄。他本来是想通过基因检测来证明他具有纯正的"欧洲"（即"白人"）血统。但是结果却出乎意料。科布的 DNA 表明，他只具有 86% 的欧洲血统，其余 14% 的血统是来自撒哈拉以南的非洲。

　　在这期节目中，当英国黑人主持人特里莎·戈达德将基因检测结果交给科布时，科布顿时瞠目结舌、语无伦次。这段视频在 YouTube 上的播放量达到数百万次，完美展示了这位种族主义者的愚蠢无知，让人忍俊不禁。"亲爱的，你身上竟然有点黑啊！"演播室里的观众顿时哄堂大笑，特里莎还戏称科布为"兄弟"。一位记者这样写道："这位嗜枪如命的白人至上主义者克雷格·科布身着深色西装和红色领带，精神抖擞地参加这档日间电视节目。他看到 DNA 检测结果揭露他的真实血统后，顿时像斗败的公鸡一样萎靡不振。这是反种族主义的胜利时刻，虽然气氛有些怪异。"

几十年前，科学家就已经发现了人类种族之间存在遗传差异性。如今，唾液受测者通过基因检测公司提供的报告就能直接验证这一科学事实。

◎ 染色体绘本

许多 DNA 消费者检测套件提供的族裔报告都类似于发现科布血统的报告。这些应用与前面所述的使用线粒体和 Y 染色体 DNA 的应用有所不同。族裔报告不是追溯你几千年前的远祖血统，而是推算你与现今族群的亲缘关系。族裔算法并未使用线粒体染色体与 Y 染色体的序列（因为它们只占基因组的一小部分），而是将你的整个染色体集与包含不同族裔人类 DNA 的大型数据库进行比较。你可以将其视为扩展到族群层级的 Relative Finder 应用，可以通过参数调整来寻觅非常遥远的亲缘关系。在同一地区繁衍生息的人们往往比分散在世界各地的人们具有更亲密的关系，因为他们拥有更多的共同祖先。

有些公司会提供一个显示你的推算族群的饼状图或列表，还有些公司更细致入微，会为你展示染色体的血统图，其中每个片段都根据其族裔本源进行着色。

这些分析说起来容易做起来难，因为染色体的各个部分都可能有不同的来源，但是计算机算法可以很好地将每个片段与数据库进行比对，并计算出它与各个不同区域的关联性。如果是放在大陆层面（如欧洲、亚洲等），这种统计结果就是可靠的。但是，随着你将范围缩小到国家层面，那么这种结果就会变得不太可靠。如果要细致区分诸如英国人、德国人或意大利人等种族的血统，那么结果往往难以确保准确，因为分布在各国的不同种族可能会拥有部分相同的祖先。此外，在亚洲远东地区的某些族裔，由于唾液检测基因数据库中的代表性样本不足，因此更难判定。

因此，仅通过更改分析参数，结果就会完全不同（23andMe、Ancestry 和其他一些网站允许用户修改这些称为"置信度"的设定值）。许多公司设置默认置信度为 50%，这意味着你从电脑中获取正确血统的概率只有 50%。如果你设置了更高的阈值并选择显示，比如仅显示具有 90% 正确概率的结果，那么你的血统模式可能会显得比较宽泛，染色体的许多部分都会标记为"未确定"。相反，如果将置信度设置很低，你将获得更多的血统可能性，但是很多结论令人难以置信，不能草率采纳。随着越来越多的研究探索人类的生物多样性，以及不同种族人类的唾液样本被纳入数据库中，检测结果将变得更加准确。

在我看来，系统的某些推算结果的精确度令人惊叹。我只提供了自己的 DNA 样本，除此之外，检测系统对我的其他信息一无所知。但该系统推断出了我的大部分祖先来自西西里岛。我从未在西西里岛居住过，我的口音清楚地表明我是托斯卡纳人（Tuscan），但我的母亲出生在西西里岛，她的家族世世代代居住在那里。所以我至少有一半的DNA 可以确定来源于西西里岛。为了获得精确结果，该算法还使用了我在 Relative Finder 上的检测结果。根据定义，我和我的表亲拥有近代的共同祖先。通过比较我与表亲们的家庭信息，我可以更精确地确定祖先的起源，甚至可以在地图上准确定位。在所有系谱应用程序中，诸如 Relative Finder 之类的协作工具正在逐步提高推算结果的准确性。

在我的血统图中，我的 DNA 片段大部分是蓝色的，也就是"欧洲"血统，但是也有部分 DNA 片段呈紫色（"西亚和北非"血统）和红色（"撒哈拉以南非洲"血统）。像克雷格·科布这样的种族主义者自然是不愿意接受这种"不纯正"的血统，但事实上，在很多欧洲血统的人中也常发现紫色和红色的 DNA 片段。拥有很多蓝色标记的 DNA 片段只能说明我的 DNA 与其他欧洲血统的人相似。我最近的祖先在意大利：我的母亲来自西西里岛，父亲来自皮埃蒙特，祖父母（外祖父母）来自西西里岛、皮埃蒙特和托斯卡纳。

　　族裔检测套件中包含一个时间表，可以查看几代人的亲缘关系，并计算出我最近祖先的起源。只回溯四代人，就可以看到我的家族已经实现了完美的基因融合：在 19 世纪初，我的曾曾曾祖父母（外祖父母）很可能具有西班牙、葡萄牙、希腊、巴尔干、西亚、非洲和阿什肯纳兹犹太 ① 等血统。这些推断基于统计资料，也许并不完全准确（因为无法检验我已故祖先的真实 DNA），但它们反映了我们人类的遗传规律。无论是谁，只要回溯几代人，都会发现自己具有混合族裔的遗传身份。于是，我想到一个问题，唾液受测者肯定都会问：如果我们的 DNA 融合多种血统起源，甚至连我们最近的祖先都来自不同的地方，为什么还能确定某人属于某个特定的种族呢？

　　答案很简单，许多种族至上主义者可能接受不了，即人类其实并无种族划分之说。

何谓种族？

　　吉多·巴尔布贾尼（Guido Barbujani）是一位遗传学家，在其职

---

① 指源于中世纪德国莱茵兰一带的犹太人后裔（阿什肯纳兹在近代指德国）。——译者注

业生涯中，他收集了来自各个大陆的人类 DNA，在现代意大利人中寻找伊特鲁里亚基因的痕迹，甚至前往阿根廷帮助鉴定在 20 世纪 70 年代末被军事独裁政权杀害或失踪的反对派人士的遗骸。

巴尔布贾尼是意大利费拉拉大学（University of Ferrara）的教授，曾在纽约州立大学石溪分校（Stony Brooks University in New York）任职。他研究并证明了人类遗传种族划分理论存在谬误，并对此进行科普和公开宣传。巴尔布贾尼在其《种族测试》（*Race Test*）一书中，展示了来自许多族群的不同个人的照片，并要求他的学生或公众组成若干团队来猜测这些人的族裔，并且为他们提供应遵循的标准（例如：黑皮肤、细长眼睛、小鼻子、顺滑头发等）。通常，每个团队会根据他们选择的标准得出不同的分类。当游戏结束时，这些人的实际族裔身份被揭晓后，参与者会惊讶地发现，他们的猜测往往是错误的。例如，那些按肤色分类照片的人会发现，尼日利亚人看起来比威尔士人更"白"一些，而那些以眼睛和鼻子的大小为标准来划分的人会发现，亚洲人的眼睛比欧洲人大，而喀麦隆女人的鼻子比巴黎女人的小，这些完全颠覆了有关族裔的传统理论。

对于巴尔布贾尼和他在纽约大学的同事托德·迪索特尔（Todd Disotell，人类学家，也是《种族测试》的合著者）来说，该测试让人联想到几个世纪以来科学家不断尝试确定人类种族的研究工作。几代学者根据人们的肤色、眼睛、头发颜色、头骨形状、身高、血型和其他数十种生物辨识标记对他们进行分类，每次都声称他们的分类是科学准确的。但是，如果使用其他不同标准进行研究，就会证明这些分类是错误的。巴尔布贾尼在他的著作中列举了许多尝试划分种族的案例，其中没有任何尝试能经得住时间和科学的检验。DNA 研究的兴起只会让种族主义者陷入更为尴尬的境地：某些遗传标记在不同族群的出现频率有所不同，但不会仅在一两个族群中出现，因此无法据此而对相隔遥远的族群建立科学的分类。

我打电话给巴尔布贾尼，想听听他对 DNA 检测和种族划分的看法。他给我讲了一个有趣的案例。他曾经把各国警察甄别犯罪嫌疑人族裔特征的分类方法进行了归纳总结，发现这些方法五花八门、千奇百怪。美国联邦调查局（FBI）设置了一种"种族代码"，分为五个类别：白人；黑人；美洲印第安人或阿拉斯加土著；亚洲人或太平洋岛民；未知分类。英国警方则根据嫌疑人的外观特征，设置了七个类别：北欧白人；南欧白人；黑人；亚洲印度次大陆人；中国、韩国、日本或其他东南亚人；阿拉伯或北非人；未知分类。如果嫌疑人被捕，实际情况将变得更加复杂，因为英国法律要求使用 16 码自定义系统，其中威尔士人和爱尔兰人竟然被划入不同的族裔群体。

按照联邦调查局的标准，我是白人。按照苏格兰场①的标准，我是南欧人，但前提是我必须要用意大利口音说话，因为我不明白警官是如何从外观上辨别我是德国人还是丹麦人。巴尔布贾尼金发碧眼，很容易被归类于北欧人，但实际上我们都是意大利人。这些分类对于警察巡逻队来说是有意义的，无论嫌疑人的真实身份如何，都可以替代 photokit（一种在线图片编辑器）来快速辨别嫌疑人。但是，这种分类方法连具有科学准确性的族裔清单都无法提供，更不用说划分明确的种族了。

现在，研究人员掌握了足够的族群遗传学的数据，可以弄清这些失败的原因：从遗传学角度来定义人类种族不现实。人类 DNA 不仅99.5% 相同，人类族群内部的遗传变异性也比族群之间的遗传变异性大得多。巴尔布贾尼指出，如果世界上大部分人突然消失，只留下世界上某个角落的一个小镇的居民，我们也只会损失 15% 的人类遗传变异性，这个小镇的居民仍将拥有大部分遗传变异性（85%）。换句话说，你的

---

① 英国首都伦敦警察厅的代称，负责维持整个大伦敦地区的治安及交通。——译者注

基因可能更接近于你认为与你是不同"种族"的人。

对此，我们可以找到一个有关两位著名科学家的典型范例：一位是1952 年共同发现 DNA 结构的诺贝尔奖获得者詹姆斯·沃森（James Watson），另一位是 2001 年成功完成了首张人类基因组图谱的克雷格·文特尔（Craig Venter）。这两位科学家都在互联网上公开了他们的 DNA 文件。韩国研究学者金圣真（Kim Seong-Jin）颇感好奇，将他的 DNA 与这两位科学家的 DNA 进行了比较。他发现，这两位金发碧眼的白人都具有欧洲血统，但是与他（韩国人）的遗传关系竟然比他们彼此之间的遗传关系还要更近。

关于种族，我们常犯的一个错误是，我们总是将这个术语与人工养殖的家畜（如狗、猫或牛）联系起来。饲养者挑选出来具有某种遗传性状的家畜，然后只让它们与其他具有相同性状的家畜进行繁殖，旨在通过人工干预的方式来保证家畜的"纯"种。但是，任何养狗人士都很清楚，在发情期的贵宾犬会想方设法与德国牧羊犬交配。在自然界中，动物可以自由选择配偶，随心所欲地混合它们的基因。

无论是人为因素还是因距离或天然屏障所造成的种族分离，都是形成和维持"亚种"的条件，而"亚种"是在生物学上更准确描述"种族"的术语。当同一物种的两个或多个族群被地理屏障（例如高山、海洋或沙漠）隔开后，随着时间推移，每个族群都会发生独特的基因突变，从而形成单独的"亚种"。人类之所以没有形成完全不同的若干种族，是因为我们总是频繁地迁徙，而且我们总喜欢与其他种族的人发生性关系，而不在乎他们的族裔背景如何。从人类基因的发展历史和古代人类遗骸中可以看到，即使在史前时期，我们人类也具有令人难以置信的流动性，并形成了梯级变化的遗传变异性，而不是形成不同的亚种。这解释了为什么我们在现今人类中找不到任何遗传种族，事实证明，地理障碍和距离不能阻止我们的原始祖先四处迁徙、结识爱慕之人并与他们通婚，进而融合基因。

　　但是，这并不意味着人类种族不可能存在。事实上，在遥远的过去，人类种族是存在的，而且并未违反自然规律。现代人类曾与尼安德特人共存了数千年，而且他们之间还曾交配结合。许多科学家认为，尼安德特人和 2010 年在西伯利亚发现的丹尼索瓦人（Denisovan）都是智人的亚种。尼安德特人和丹尼索瓦人未能成功存活至今，纯属进化中的意外，我们始终不明白为什么他们会灭绝。我们只知道现代人的 DNA 中仍存有他们的部分基因，任何唾液受测者都可以很容易地发现这点。在保罗·莱文森（Paul Levinson）和约翰·达顿（John Darnton）撰写的科幻小说《丝绸密码》（ *The Silk Code* ）和《尼安德特人》（ *Neanderthal* ）中，尼安德特人一直生存至今，并与现代人类发生了很多故事。我们可以发挥一下想象，如果尼安德特人、丹尼索瓦人或其他智人亚种族群一直存活至今，也许正生活在地球上的某个偏僻遥远的未被开发的地区，那将会发生什么？我们会和他们共同生活，还是各据地盘？我们会和他们发生激烈冲突吗？我们会和他们结婚生子吗？我们之间会产生主导种族吗？我们是否会根据不同种族之间的语言、身体和认知能力的差异，而设立不同的学校，设计专用的汽车和飞机座椅呢？我们永远都不会知道答案。在那种情况下，社会状况可能会发生变化。也许种族间的差异会使种族内的差异变得无关紧要。当我们将种族偏见对准尼安德特人或丹尼索瓦人时，我们还会有心思关心我们人类同胞的肤色吗？

　　可以想象，如果我们的世界真的存在各种具有不同基因的人类种族，那么这无疑是一种很好的教材，可以让我们的孩子理解种族主义的真正含义，学会超越仇恨和理性思考。从科学角度来看，人类是不存在明确种族划分的。但是，即使存在不同的种族，又有什么关系呢？我们应该具有足够的理性思维能力，教育我们的孩子接受和拥抱多样性（无论其是否来自生物学）。

奥巴马是白人

根据科学理论，人类种族被定义为伪科学，而消费者基因组学很充分地证明了我们源自非洲，是多种基因的混合体。我们都是混血儿，应该感到自豪。但是，当我翻看自己的族裔报告时，不禁怀疑这是不是另一种创建人类类别的方式，只不过是基于更被接受的概念"族裔"而非"种族"。我向巴尔布贾尼发送了我的 23andMe 检测结果，并请他评论。他认为，检测结果非常精确，给他留下了深刻的印象，但这对于种族划分本身并无太大影响。他说："这是一种生物学的统计工具，可以将你的 DNA 与来自世界各地的代表性族群的 DNA 进行比较，并标记出基因最接近的地方。"他指出："检测原理正确无误，但它能划分出不同的遗传种族吗？显然不能。"

巴尔布贾尼以美国前总统奥巴马为例进行说明。奥巴马的父亲来自肯尼亚。他的母亲来自美国堪萨斯州，具有德国、威尔士和爱尔兰混合血统。如果我们能看到奥巴马的染色体涂染，上面可能会拥有相同数量的标记为"非洲"和"欧洲"的区域。尽管他的非洲和欧洲血统各占一半，但大部分人都将其视为第一位非洲裔美国总统。巴尔布贾尼说："定义人类的方法很多，只要我们觉得满意就行。但是，我们不能错误地用族裔的遗传学定义（属于科学范畴）来定义其具有任意性的社会属性。奥巴马可以是'黑人''半黑人'或'白人'，这取决于谁在关注他，而不是基于客观证据。他的 DNA 只能确定他是欧洲、非洲和其他血统的混合体。"

人类学家乔纳森·马克斯（Jonathan Marks）完美地将这些检测的复杂本质归纳为：族裔群体是人类发明出来的类别，而非天然存在。他指出："族裔群体的界定并不严谨，他们只是短暂存在于人类历史中。比如现在有法国人，但不再有法兰克人；有英格兰人，但不再有撒克逊人（Saxons）；有纳瓦霍人（Navajos），但不再有阿纳萨人（Anasa）。"

毫无疑问，人类种族的观念可能会一直困扰着我们，而且还可能会经常出现在公众辩论中。通过进化，人脑拥有了建立直观和武断的能力，并且惧怕陌生人，这是我们祖先最好的生存策略。种族主义是蛊惑人心者手中的王牌。我们人类的本性不会改变，但在这样一个充斥着沙文主义 ① 和种族歧视的世界中，消费者基因组学将成为对抗种族主义的最佳盟友。当我看到数百名唾液受测者在 YouTube、Twitter 和其他社交网络上讨论血统的留言后，我变得十分乐观。面对混合血统的结果时，大多数用户都很理智，开始质疑所谓的"纯粹"人种。多亏有基因组社交网络，我们才能有机会将我们的 DNA 与数百万其他用户进行比较，并最终知道我们其实都是遗传混血儿。

---

① 是指一种把本民族利益看得高于一切，并主张征服和奴役其他民族的反动民族主义。——译者注

第五章
身份游戏

基因国度

基因网络如何改变生活

当杰西卡·阿尔芭（Jessica Alba）得知自己拥有更多"欧洲"血统而不是"拉丁美洲"血统时，她感到很失望。史诺普·道格（Snoop Dogg）对自己拥有美洲原住民血统感到惊讶。当奥普拉·温弗瑞（Oprah Winfrey）得知自己是来自利比里亚的克普勒（Kpelle）人，而不是她原以为的南非祖鲁人（Zulu）时，感到极度震惊。某些新闻曾报道威廉王子的 DNA 中含有印度血统，而威廉王子对此不予置评。非裔美国说唱歌手史诺普（Snoop）曾参加美国首个遗传学娱乐综艺节目《洛佩兹今夜秀》（*The Lopez Tonight Show*）并接受 DNA 检测。结果显示，史诺普比前 NBA 球员查尔斯·巴克利（Charles Barkley）的"非洲"血统更少，场内气氛顿时达到高潮。主持人乔治·洛佩兹（George Lopez）戏谑道："天哪，史诺普，巴克利竟然比你还黑！"而这位说唱歌手则要求重新检测，就像输掉选举而满腹委屈的政客一样。巴克利则在旁边煽风点火："你好，小白！"

解密自己的 DNA 血统已成为社会名流钟爱的活动，他们将血统话题当作噱头，在电视节目或 Instagram 视频上博取关注。这些检测起初只是出于探寻血统的单纯目的，但是随着血统搜寻应用市场的蓬勃发展，这种检测已经偏离这一方向。在这个种族问题普遍存在、民族主义思潮逐步高涨的世界中，在这个人际关系越来越虚拟化的社会中，DNA 血统正在变成身份的象征，这是保持归属感的最后一根救命稻草。族裔检测变成了基因组学的娱乐节目，但仍有数百万唾液受测者认真参与到这个游戏中。

当我们在虚拟的 DNA 社交网络上遇到我们的祖先和亲戚时，我们会将生物学和遗传学资料作为我们文化归属的依据。遗传档案不仅是一种生物学检测报告，它还是我们细胞内部的自拍照，是一种可以满足我们对自我身份和自我发现的原始需求的高科技系统。

🔘 寻根 2.0 时代

消费者基因组学已经将族群遗传学变成了大众的娱乐游戏。其实这算不上什么问题，而且还能起到一定的教育作用。然而，在此过程中，它产生了一个巨大的误解。族群遗传学的出现只是为了检测生物的 DNA，追溯几千年来人类人口的历史和迁徙，而不是用于确定某个人的族裔。我们应该清楚，DNA 中美洲原住民、欧洲人、裕固族人（Yugur）、苏格兰人或任何其他血统的百分比只不过是统计数据的比较，而并未定义身份，因为族裔是一个社会概念，而不是遗传学概念。就像行李牌一样，血统标记可以告诉你的染色体来自哪里，但不会透露它们的内容。同一种基因不会因为来自不同的国家（如加纳、爱尔兰或中国）而以不同的方式运作。

在我们认真研究凯尔特人、罗马人或汉人祖先之前，我们应该认清一个事实：如果回溯足够久远的年代，每个人的祖先都是一样的。1999年，耶鲁大学的统计学家约瑟夫·张（Joseph Chang）指出，如果你

回到中世纪，就可以为所有现代欧洲人找到共同的祖先。换句话说，每个生活在查理曼大帝（Charlemagne）时代并有后代的人都是当今所有欧洲人的祖先。他的论断在 2013 年得到了遗传学家的证实。

证明方法其实很简单，你考虑这样一个事实：我们每一代人的祖先的数量都呈指数级增长，我们所有人都有两个父母、四个祖父母、八个曾祖父母。如果你回到中世纪，也就是大约 40 代人之前，你将找到一万亿个祖先，远远超过当时地球上的实际人口数。要解释这个悖论，唯一的方法就是我们的祖先发生了重叠，所以我们拥有部分共同的祖先。我们的家族史不是独立的树木结构，而是像蜘蛛网一样彼此交叉缠绕在一起。我们回溯的年代越久远，拥有的共同祖先就越多，直到某个时间节点，出现了所有人的共同祖先。对于欧洲人来说，这一时间点约为公元 1000 年。

因此，每个现代欧洲人都可以宣称自己是查理曼大帝的亲戚，或者任何其他有后裔并在公元 1000 年或更早以前生活在欧洲的人的亲戚。你不必通过 DNA 检测将血统追溯到古罗马家族、希腊士兵或中国皇帝。从统计学角度来说，只要他们的后代能活到今天，那他们肯定都是你的祖先。

血统的幻灭

在消费者基因组学时代来临的前几年，一项初衷良好的探索人类多样性的研究计划——人类基因组多样性计划（HGDP），成为血统 DNA 研究所产生的意外社会后果的首位"受害者"。HGDP 项目是卢卡·卡瓦利－斯福扎的创意，于 20 世纪 90 年代初由斯坦福大学（Stanford

University）发起，旨在研究世界上几个原住民族群的 DNA。这个项目与种族主义没有任何关系，就像所有其他受卡瓦利－斯福扎灵感启发的工作一样，其目标是创建人类遗传多样性的图谱。然而，尽管这个项目具有崇高的意义，HGDP 还是遭到一些原住民人权组织的大肆诋毁和尖刻批评，他们指责该项目是"吸血鬼"，是"生物剽窃"项目。由于 HGDP 项目引发巨大争议，美国政府决定终止资助，最终该项目流产。

一个美洲原住民组织认为，有关原住民的遗传血统的信息可能与其起源的传统观念相冲突，另一个组织则怀疑该项目将导致他们的"原住民"身份遭到质疑，从而影响到他们的土地所有权。从科学的角度来看，这些指控非常荒谬。如果他们的批评言论是正确的，那我们还应该担心遗传学会破坏亚当和夏娃的神话或动摇罗马帝国的根基。遗传证据确实质疑了美洲原住民的"本土性"，但这仅仅是因为，从科学角度而言，"本土性"一词仅取决于你的回溯时间。

但是，"本土性"的社会意义与历史和集体认知有关，而与科学证据无关。例如，美洲原住民的身份无法与当年欧洲入侵者的种族灭绝、歧视和土地掠夺的历史脱离关系，这就可以解释为什么有些人对该项目保持高度警惕。HGDP 发起人是基于明显的科学证据来看待血统的，但他们忘记了寻根所带来的政治与社会层面的影响，当寻根影响到人们的身份和历史时，就已失去了中立性。

血统 DNA 检测的结果往往会摧毁人们对于自己家庭和祖先所秉持的信念，并重新定义自己与家族成员的身份。可能是关于神、狼、熊、英雄、亚历山大大帝、罗慕路斯或古代旅行者的故事。每个文明都有自己的神话。你和你的家人可能也谈论过有关你们家族的血统或发源地的传说。几十年来，专家们已经知道其中许多族群信仰都只是凭空想象，出现消费者基因组学以后，每个人都可以通过唾液样本来检测 DNA，以验证他们的血统。当唾液受测者得知他们深信不疑的祖先或家族起源竟是虚空幻境后，他们秉承的百年家族史诗顿时土崩瓦解，一部全新的家族史诗随之拉开帷幕。用于追寻血统的 DNA 技术犹如重磅炸弹，对个人和社会都产生了深远的影响。

在 20 世纪 70 年代末，阿历克斯·哈利（Alex Haley）撰写著作《根：一个美国家族的历史》（*Roots: The Saga of an American Family*），讲述了主人公哈利艰苦追寻家族和受奴役祖先的感人故事，激发了数百万非裔美国人寻根问祖的热情。后来，根据这本书改编的迷你剧集一度风靡全球。我和我的朋友们还记得在意大利电视台看过这部电视剧，当时，在美国还掀起了系谱追寻热潮。追寻系谱并不适合胆小懦弱的人。像哈利一样想要寻根的人，必须要花费数年游历各地，翻阅教堂、档案馆和图书馆中尘封已久的档案记录。即便如此，对于非裔美国人来说，他们的追寻很快就会进入死胡同。当年从非洲被带走并运往大西洋的奴隶并未留下任何有关他们原籍地的书面资料，甚至他们的名字在抵达美洲后也被更改，使得数百万人无法追踪他们在奴隶贸易之前的家族脉络，也无法与他们的原籍国重建联系。如今，价格合理的 DNA 检测技术和系谱社交网络完全改变了这一状况。

哥伦比亚大学的社会科学家阿朗德拉·内尔森在其著作《DNA 的社交生活》（*The Social Life of DNA*）中，研究了现代基因组学对种族的影响，并列举了许多非裔美国人如何使用尖端 DNA 技术的例子。她在书中指出，"每一代非裔美国人都在努力争取赔偿。尽管少数人已经逐渐淡忘历史，但是大部分人仍在坚持不懈地要求赔偿，以弥补种族主义暴行给他们带来的延续数代人的伤痛，而且这种抗争浪潮每十年就会达到一个新高度。到 20 世纪末，DNA 结构也被纳入了赔偿诉求"。内尔森在书中引用了《非裔美国人的生活》（*African-American Lives*），这是一个以揭秘黑人名星的血统为主题的电视节目，该节目通过基因检测颠覆了人们关于血统的根深蒂固的观念。在一期节目中，当首位前往太空旅

行的黑人女性梅·杰米森（Mae Jemison）得知她的 DNA 中有 13%
来自东亚时惊喜交加，而喜剧演员克里斯·洛克（Chris Rock）在得知
自己曾有位不知名的祖先，通过不懈努力，摆脱奴隶的身份，后来两次
在南卡罗来纳州的立法机关任职时热泪盈眶。

几乎每个唾液受测者在寻觅到自己的族裔起源后都会很激动。还有
很多人因为 DNA 检测结果与自己认定身份发生冲突而感到极度愤怒和
沮丧。当然，"奥斯卡最佳基因幻灭奖"必须颁发给克雷格·科布和他的
招牌电视惨剧，除此之外，还有很多类似的故事。例如，在科布遭遇悲
壮的失败后，加利福尼亚大学洛杉矶分校的一个小组研究了白人至上主
义者通过 DNA 检测得知他们是混合基因而非白人血统后的反应。研究
人员在科布及其朋友经常浏览的极端右翼论坛 Stormfront.org 上搜索了
由 30 多万名成员撰写的 1 200 万篇帖子，发现许多人都不愿意接受检
测结果。当面对 DNA 结果时，他们要么拒绝承认检测的有效性，要么
试图以伪科学的阐述来辩驳。他们这种极力否认科学证据的行为，充分
体现了当今具有强烈而激进的意识形态的在线或现实群体的主旨思想。

此外，2018 年，《纽约时报》（*The New York Times Magazine*）报道
称，来自费城郊区的中年妇女西格丽德·约翰逊（Sigrid Johnson）有
着浅焦糖色皮肤，一直被视为"黑人"。她从 DNA 血统检测中得知自
己只具有 3% 非洲血统时，感到极为震惊。这个结果令她坐立不安，于
是她又找到其他基因检测公司，想方设法调整算法的置信度设置，直
到获得令她满意的具有 43% 非洲血统的结果。在同一周，居住在法国
的哲学系学生塞阔亚·亚约基（Sequoya Yiaueki）在《卫报》（*The
Guardian*）上发表文章，讲述了当他从消费者 DNA 检测中得知自己只
拥有少量美洲原住民血统后的心情，因为他在美国居住时，以美洲原住
民的身份度过了自己的童年，他一直以为他的家族是印第安人的血脉传
承。他的叙述描写虽然平淡，但是蕴含着哲学含义，准确生动地描绘出

某些唾液受测者在得知 DNA 结果摧毁他们认知的身份时所表现出来的极度崩溃以及不愿接受现实的固执与倔强。

⬡ 宝嘉康蒂事件

　　血统检测甚至被用来解决或引发最高级别的政治争端。伊丽莎白·沃伦（Elizabeth Warren）就是这种情况。她是著名的民主党参议员，也曾是美国总统候选人提名的最高竞争者。沃伦一直自称美洲原住民，但是她的外表和成长经历则完全是"白人模式"，这让特朗普（美国前总统）在推特上对她大肆嘲讽，称她为"宝嘉康蒂"①，并声称，如果她能通过 DNA 检测证明自己的美洲原住民血统的话，就向她最喜欢的慈善机构捐赠 100 万美元。作为回应，这位参议员公布了一项基因检测的结果，其中显示了她 6 到 10 代前的祖先具有美洲原住民血统，这个结果支持她的身份认定。但切罗基部族（Cherokee Nation）②发表声明，部落的归属应该综合考量历史、文化和身份等因素，而不能只根据 DNA 检测结果来推定。该部族抨击沃伦只根据基因检测就认定自己是美洲原住民的行为，认为她并不是族群中的一员。但是，沃伦并不在乎外界的批评声音，她始终坚信自己是美洲原住民的后裔，即使她的DNA 中只含有极少的原住民血统。而且，用作参考的族群主要来自欧洲，因此无法确定美洲原住民的血统。

　　一些人试图靠他们的血统检测结果来赚钱。来自林伍德市

---

① 迪士尼电影《风中奇缘》中的女主角，一位印第安公主。——译者注
② 切罗基部落是美国联邦认可的美洲原住民部落。它是该国最大的部落之一，拥有超过 380 000 名部落公民，主要生活在俄克拉荷马州。——译者注

基因国度

基因网络如何改变生活

（Lynnwood，位于西雅图市附近）的白人保险经纪人拉尔夫·泰勒（Ralph Taylor）在参与在线 DNA 检测后，发现他的 DNA 中 4% 是美洲原住民血统，还有 4% 的撒哈拉以南非洲血统。这是大多数北美人都拥有的正常基因组成，但是泰勒却以此为由提起联邦诉讼，要求作为少数族裔经营企业而获得补贴。该诉讼案暴露出一个巨大的全球性漏洞，并提出了如何在 DNA 检测时代定义少数族裔的问题。目前在全球范围应用的检测程序都是按照基因组学问世之前的标准设计的，但它们没有说明让人们符合条件的 DNA 比例。无论是国内还是国际的机构，如果不想为无休止的诉讼案件所困扰，就需要解决这个问题。血统检测充其量只是一种具有教育意义的有关自我发现的游戏，不能用于确定社会身份，更不能用于确定少数族裔身份。检测结果只能反映你的 DNA 的复杂故事。

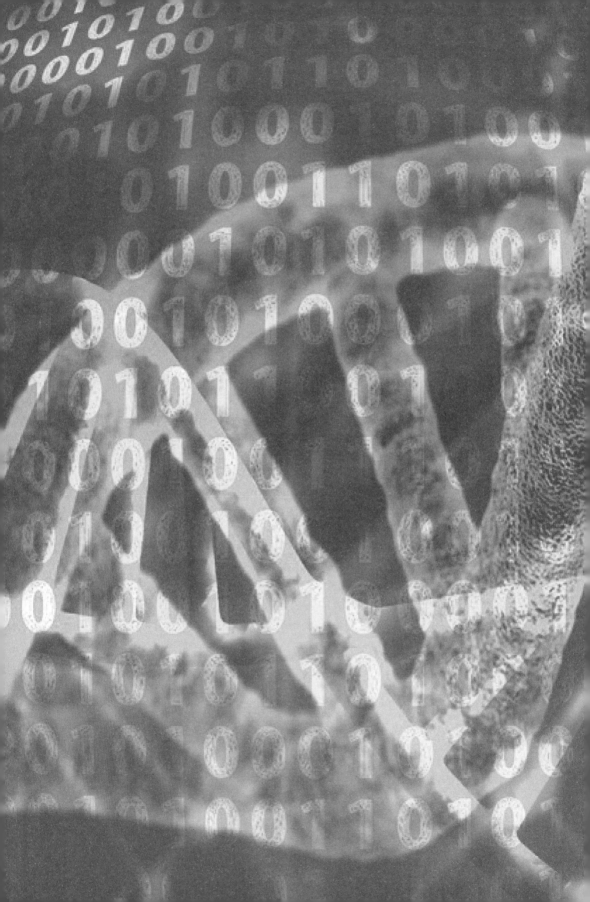

第二部分

游戏：玩转你的 DNA 文件

"不管大祭司是否乐意，遗传知识都将成为大众的应用工具。"
——马特·里德利（Matt Ridley），《华尔街日报》，2011

"爱并非巧合。"
——Genepartner.com

第六章

云端基因

基
因
国
度

基因网络
如何改变生活

　　一群斯德哥尔摩卡罗林斯卡学院（Karolinska Institute in Stockholm）的研究生正围在我身边，看着我拿着智能手机笨拙地与他们发明的精妙机器合影时，发出阵阵笑声。我慢慢后退，想拍一张更好的照片，这时一位技术人员赶忙跑过来，把我扶住，以防我撞到机器上。这个小发明价值约百万欧元，而我这位笨拙的科学作家要是因为自拍而碰坏它，我的履历中恐怕会留下不光彩的记录。随后，我在 Instagram 上发布了这张图片，标题是："DNA 法拉利"。

　　每当因工作需要去参观基因实验室时，我都会找一台机器并与之合影留念，就像是来到拉斯维加斯的游客一样。对我来说，实验室的机器就像是停在路边的超级跑车。很奇怪，比起汽车，我更喜欢这种东西。经过多年的积累，我得到了一本我与全世界各种 DNA "豪车"合影的自拍相册。DNA 的"超级跑车"被称为测序仪。它们读取 DNA 的化学结构并以人工方式无法企及的速度逐一解码字母。尽管其貌不扬，看上去就像一个顶部带 LCD 屏幕和底部带托盘的冰箱，但其实测序仪是基因组革命的重磅武器。此时，我眼前的这个测序仪叫作卡罗林斯卡，它可以在几个小时内从整个人类基因组（60 亿 DNA 字母）中提取数据，只需轻轻一按即可。技术人员只要将一滴纯化的 DNA 滴入设备中，按下"启动",主机计算机的预设程序就会引发一系列神奇的反应。

测序仪是用于处理遗传数据的模数转换器,它们将化学分子中包含的模拟 DNA 信息转换为计算机可用的数字文件。每秒都有成千上万的A、G、C 和 T 字母被解码并复制到流向测序仪硬盘的数字数据流中。这个步骤看似微不足道,但实际上它是现代遗传学和消费者基因组学存在的基石。

如果我们将 DNA 中的所有字母都打印成册,那么这些册子将堆到60 米高。如果你每秒读一个字母,每天 24 小时不停地读,也要花费一个世纪的时间才能全部读完。我们可以使用许多精彩的包含各种图例的示意图来展示人类基因组的庞大规模,但是数字 DNA 的出现让这些图形相形见绌,而且还可以实现以前无法执行的应用。你无法将实体的化学 DNA 保存在硬盘上或通过互联网发送,但是 DNA 数字文件就可以像图片、视频或推文一样,进行在线复制、存储和共享。

每个测序仪的背面都有一条网线,将计算机连接到本地网络,然后连接到互联网。只需几分钟,就可以将伦敦某个孩子的 DNA 文件上传到服务器,并与某个孟买男人、某位柏林女士和全世界成千上万人类的DNA 文件进行比对。现代基因组学的工作主要就是比较网络中不同人类的 DNA。

要想了解这场基因组革命,我们可以先看看数字技术出现后音乐和视频行业的变化。《星球大战 II:克隆人的进攻》(*Star Wars: Episode II – Attack of the Clones*)(2002)是第一部完全采用数字摄像机拍摄的大片,耗费巨资,并使用了开创性的设备,将好莱坞电影带入一个全新时代,同时也让胶片电影成为历史。同样,人类基因组计划对第一个人类DNA 进行了解码,并将信息转换为每个人都可以在线阅读并使用的文件,从而将生物学带入大数据世界。如今,唾液受测者和科学家可以轻松地在线比较数千个 DNA 数字文件,就像在网飞(Netflix)上观看流媒体电影或在瓦次艾普（WhatsApp）上交换照片一样。

⬡ "快速导引"版

　　如果你现在参与唾液样本检测，你的 DNA 可能不会进入测序仪，因为大多数消费基因组公司使用更便宜且更快捷的方法来读取客户的基因信息。在此过程中，你的样本会被送到装有生物芯片（技术术语称为 DNA 微阵列）的咖啡机大小的智能机器中。这是一种在遗传学上使用的微处理器，可以解码在基因组上分布的约一百万个 SNP。根据定义，SNP 是 DNA 的可变点，因此这种系统可以对基因组进行快速扫描，就像高速阅读器可以通过浏览关键字来实现快速阅读而无须解码所有文本一样。来自生物芯片的文件就是基因组的"快速导引"版本，它可以精心选择一些可以区分个人特征的重要基因点来进行分析。

　　经过多年的发展，微阵列已经成为大众基因组检测的唯一经济实惠的工具。我的 23andMe 档案就是在 2012 年由微阵列所创建，价格为 99 美元。如果要采用完整的测序检测，价格要贵十倍以上。在编撰本书之时，全球最大的消费基因组公司仍在使用微阵列，但随着测序价格的暴跌，两种技术的成本差距正在逐渐缩小，许多基因检测平台已经或正在考虑使用测序法。微阵列检测将成为历史。完整测序具有许多潜在的优势。例如，它可以更可靠地识别罕见变异，并且可以更好地检测拷贝数变异，而这在微阵列中很难看到。然而，测序也存在一个问题，那就是它生成的数据量非常庞大，需要存储和在线发送容量高达数 GB 字节的信息，并且与数千到数百万个其他基因组进行比对。生物信息学正在迅速发展，神经网络、机器学习和全新的先进算法可以合理利用计算资源，从而可以处理更大规模的数据。

存储一个完整的人类基因组文件需要多大空间？与我们每天在互联网上使用的数据流量相比，其实这种数据量并不大。单个 DNA 具有 60 亿个包含 A、G、C、T 字母的序列，编为文本文件后，将占用 1.5GB，相当于两张音乐 CD 碟或一部流媒体电影的容量大小。

但是，这种方法不太适用。因为测序仪无法在技术上实现连续读取整个基因组，而只能解码较短的字母字符串，再由计算机将这些字符串组合在一起。每个字符串被多次读取以最大限度地减少错误，这种重复读取称为"覆盖率"，是 DNA 消费者检测套件的重要参数。一般来说，覆盖率越高，结果越准确。例如，当覆盖率为 10 倍时，意味着一个字母平均被读取了 10 次。覆盖率低于 10 倍被称为"低通"，不足以用于诊断，但对许多应用程序来说也够用。许多公司可以提供 30 倍或更高的覆盖率。这样生成的文件约为 200GB，但是计算机可以通过将它们与人类基因组的参考序列图进行比对，仅保留变化的字母，从而巧妙地减小了文件大小。这是压缩 DNA 文件的一种有效方法。众所周知，人类基因组 99.5% 相同，并且序列中的大多数字母都与参考序列的字母相同。这样，文件大幅度减小（约为 250 兆字节），只包含变化的字母列表及其在染色体上的位置，采用 VCF 格式（Variant Call Format，变异调用格式）。一些公司还提供"全基因组"和"外显子组"测序的选择方案。外显子组是包含我们基因的 DNA 的编码部分，仅约占基因组的 1%。如果你想研究基因变异，查看外显子组比查看整个基因组更快捷。

在存储空间的底部是一个通过微阵列获得的 DNA 文件，容量只有 20 兆 ~30 兆字节，大致相当于一条 MP3 音轨的大小。如果打开它，你会发现一个包含你的 SNP 版本列表的文本文件。这类文件非常适合存储在随身存储器或读卡器中。

便携式基因组

不管使用哪种应用程序，DNA 文件都可以随身携带并使用。所以，你每次使用新服务时，无须再提供唾液样本并重新解码基因组。大多数公司都允许客户下载他们的 DNA 文件并在其他平台上使用。对于那些想将自己的 DNA 资料随身携带使用的人来说，这是一个庞大且不断增长的市场。Promethease（https:// www.promethease.com/）是最早允许唾液受测者上传从其他地方获得的 DNA 文件的网站，可供用户检索有关其个体性状与疾病敏感性的最新科学文献。与之类似，GedMatch（https://www.gedmatch.com）是一个非常优质的寻亲网站，是系谱爱好者钟爱的免费平台，数百万人在这里上传他们的 DNA 文件，寻找自己的祖先与家人。

测序检测巨头 Illumina 甚至建立了一个名为 Helix（helix.com）的 DNA 应用商店，你可以从该商店购买一个唾液检测套件，然后根据自己的 DNA 文件来选择使用网站上列出的第三方应用程序。虽然 Helix 商城中入驻了许多正规的程序供应商，但里面也有一些并无科学依据的问题应用，我将在后文对其中一些应用进行探讨。与我们在社交网络上使用的大多数文件相比，DNA 文件更具便携性。你无法将自己的 Facebook 或 Instagram 个人资料转移到另一个平台，但作为一个唾液受测者，你可以在多个网站上使用你的 DNA 文件。例如，许多系谱学家将他们的唾液样本发送给一家公司进行解码，并将原始档案上传到其他站点，以最大限度地在全球范围内寻亲。

超越摩尔定律

你可能会惊讶地发现，你的全新智能手机只用了几个月就无法跟上潮流。但这算不了什么，你去买一台 DNA 机器，你就会知道什么是真正的过时。在我发布与"DNA 法拉利"的合影几个月后，一位在美国重要测序中心工作的朋友在我的照片下面留言："这机器现在已经当压纸器用了！"

与 DNA 技术的发展速度相比，即使是我们一直认为发展最迅猛的消费电子产品也只能自愧不如。自 2001 年以来，美国国家人类基因组研究所（NHGRI）一直在估算整个人类基因组的测序流程需要花费多少钱。当时的估算价格是 1 亿美元，需要耗时数周甚至数月完成。2008 年，该成本已经降低到 50 万美元。而到了十年后的 2017 年，该价格暴跌至约 1000 美元。在我动笔编写本书之时，有的实验室可以用不到 300 美元的成本来读取完整的 DNA 信息。而当你阅读到本章时，基因组测序的价格已经降到比两人晚餐的费用还要低。价格呈指数级下降，反映了 DNA 读取技术和设备的高速发展。设备的运行速度越来越快，价格越来越低廉。

由摩尔定律（一种依据经验和观察的法则），可得出微处理器的性能大约每 18 个月翻一番，而成本却保持不变。几十年来，这一直是计算机发展速度的范式。然而，自 2008 年以来，测序仪的性能飞速提升，比摩尔定律的预测速度提高了 50 倍，从而成为当今发展最快的技术领域。

每一款新型测序仪在成本和性能上都让上一代产品相形见绌，而且市场上会出现多种型号的价格低廉且更便携的产品。市场上不仅有只适用于大型实验室的法拉利和梅赛德斯级别的 DNA 测序仪，而且有很多小型车甚至滑板车级别的机器，你可以随身携带至现场使用。英国牛津纳米孔公司（Oxford Nanopore）推出相当于随身存储器大小的商用测序仪，可用 USB 线连接到计算机来使用。坦桑尼亚的农民率先使用这种手掌大小的读取器来检查木薯田中的病毒，以此取代了成本更高的分析方法。博物学家在森林和海洋中使用此类机器来快速分析物种的 DNA。随着基因技术的不断革新，在不久的将来，学校甚至家庭可以将小型 DNA 读取器连接到计算机和智能手机上，以监测癌症或感染的早期迹象，或者用于检查基因活动情况。

第七章
遗传自拍

有一个比较老的游戏节目《猜身份》(*Identities*),参与者被带到一群陌生人面前,需要根据一些提示信息来猜测他们的身份。他们如何穿着?有何爱好?操何种口音?

在我的遗传档案中,有一种被称为"性状"的东西,相当于游戏节目中的猜测依据。我就相当于是参加节目的陌生人,系统试图根据我的DNA来猜测我的身份。我长什么样?我的头发是金发还是棕色?我的身材高大还是矮小?我的秉性和癖好是什么?我是短跑运动员还是马拉松运动员?我的爱好是抽烟还是喝牛奶?

尽管 Relative Finder 和其他血统搜寻应用功能强大,但"性状"才是系统猜测身份的真正依据。该部分相当于一张基因自拍照,包含三十多种特征,可以仅根据我的 DNA 构成就能确定我的外观、个性和癖好。如果警察在犯罪现场发现了我的 DNA,那么就会在嫌疑人资料中进行描述比对。如果调查人员只看到了我的基因样本,那么他们会对我有多少了解?他们会不会像某些影视剧所展现的那样,能预测出我的眼睛和皮肤的颜色、我的头发颜色、我的身高,甚至我的个性呢?他们通过我的基因能对我有多少了解呢?

根据我的 DNA 和最新的分析,图 7.1 展示了一些会出现在警察模拟照片上的特征。值得注意的是，由于遗传过程非常复杂，我们原以为最明显的性状就是那些直观的外在特征，例如眼睛的颜色、身高、头发和肤色，很难从 DNA 中进行判定。相反，一些看起来很复杂的特征（如血型）则更容易从 DNA 图谱中预测，因为它们的遗传机制很简单。

不完美的模拟照片

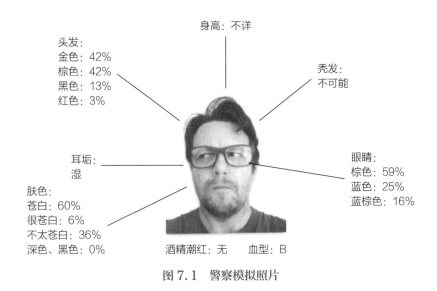

图 7.1　警察模拟照片

单基因性状的简单性

让我们简单介绍一些从 DNA 中容易预测的性状。我的遗传档案清楚表明我的血型是"B"型，因为该性状取决于 9 号染色体上的单个基因。该基因以 a、b 或 0 三种类型存在（即等位基因），血型取决于这些等位基因的组合。依赖于单个基因的性状称为单基因性状（monogenic）或孟德尔式性状（mendelian）。因为它们的遗传遵循了格雷戈尔·孟德尔（Gregor Mendel）在 19 世纪中叶建立的简单而可预测的遗传学规则。这些性状的遗传机制非常简单，因此很容易通过 DNA 资料来预测。例如，23andMe 正确地指出我的耳垢是湿的（另一种类型是"干"的。如果你没有洁癖，可以跟家人尝试一下，这是个很棒的晚餐游戏）。

我对酒精的耐受性也是孟德尔式的，这很容易推断出来，因为它取决于编码肝酶的单个基因，这种酶有助于去除乙醛（一种酒精代谢的有毒产物）。而某些基因变异使人们无法有效清除乙醛，从而引发轻度的酒精中毒反应，称为"酒精潮红反应"。三分之一的亚洲人有这种变异，这就说明为什么亚洲人即使少量饮酒也会脸红。提起令人讨厌的反应，我还发现我对诺如病毒（norovirus）引发的感染有遗传抵抗力。诺如病毒是一种令人讨厌的病毒，会导致腹泻和肠道问题，对游轮及其公共场所可构成很大威胁。这是另一种孟德尔式性状，如果我不排斥乘坐游轮旅行的话，这对我来说是个好消息。孟德尔式性状不仅限于 23andMe 网站上列出的怪异性状，还包括许多遗传疾病和对我们生物学有影响的性状，我们将在后文探讨。

如果我们所有的性状都是孟德尔式的，那么预测它们将很容易，并且 DNA 图谱将成为近乎完美的个人模拟照片。但是现实情况很复杂。我们的大部分性状很难预测，因为它们取决于数百个基因的相互作用，或者遗传和非遗传因素之间的相互作用。

我们能预测眼睛的颜色吗？

例如，我们眼睛的颜色就是一种具有复杂遗传原理的简单性状。传统理论认为，棕色眼睛相对蓝色眼睛是显性基因，这意味着只有两种遗传变异存在：棕色和蓝色。这是一个简单但是错误的解释。今天，我们知道至少有 16 种基因影响着人类的眼睛颜色，它们的综合作用很难预测。实际上，眼睛颜色是一种多基因性状（multigenic），这意味着它取决于多种基因的活性。这与由单基因决定的孟德尔式性状完全不同。通过 DNA 图谱来预测多基因性状，就像观察一群人并猜测他们会选择去哪里吃饭一样。这群人中的每个人都有自己最喜欢的餐厅，某些特殊人物会比其他人的影响力更大。即使你对每个人都非常了解，但是最终的决定将取决于集体的综合作用，所以很难预测。

就像这群捉摸不定的食客一样，所有会影响眼睛颜色的 16 个已知基因（可能还有其他未发现的基因）都对最终结果有发言权，因为它们都会影响黑色素的产生和分布，而黑色素是决定眼睛、头发和皮肤颜色的色素。还有两个名为 OCA2 和 HERC2 的基因是决定你的眼睛是否会变蓝的主要因素。这些基因的变异可能会（但并不总是）产生蓝色或绿色的眼睛。有趣的是，蓝眼变异在 6 千至 1 万年前才在欧洲族群中出现，目前，在具有北欧血统的人群比较普遍。在此之前，所有人类都是棕色眼睛。其他基因变异更可能产生棕色，还有一些基因变异则是在蓝色和棕色混合色中增减一些黑色素。

我的遗传报告仅包含数量不多的变异，但是我可以下载我的 DNA文件并将其加载到更专业的应用中。由荷兰鹿特丹的伊拉斯谟大学（Erasmus University）和印第安纳波利斯的印第安纳大学（Indiana University）的遗传学家引入的 IrisPlex 系统在许多国家用作法医分析标准。IrisPlex 系统利用六种基因变异来确定三种可能性：蓝色、蓝棕色或棕色。但是它很难体现人们肉眼可见的灰度变化。尽管存在局限性，但这是迄今为止最好的眼睛颜色基因检测方法。

如果警察在犯罪现场发现了我的 DNA，试图猜测我眼睛的大致颜色，那概率和扔硬币差不多。根据 IrisPlex 系统的推算，我有 59% 的可能性拥有棕色眼睛（我眼睛的真实颜色是淡褐色），41% 蓝色或蓝棕色的可能性。具有其他变异的人有最高 80% 的机会拥有棕色眼睛，但这仍然是基于概率的预测，而不是确定的判断。

毛发事宜和红发基因

从 DNA 中猜测头发和皮肤颜色比预测眼睛颜色还要复杂。这仍然是黑色素的问题，但涉及数百种遗传变异。有一种升级版 IrisPlex 系统，称为 HIrisPlex-S 系统，可一次分析 41 种变异，以预测眼睛、头发和皮肤的颜色，这是迄今为止法医分析的黄金标准。只要将我的 DNA 文件加载到该系统，就会知道我黑皮肤的遗传可能性几乎为零。根据检测，我最可能的肤色是"苍白色"（完全正确），我最可能的头发颜色是深棕色（实际上，我的头发是深金色的，公平地说，这是最接近的检测结果）。在预测皮肤颜色上，DNA 检测还远远不够完美，但它可以排除最不可能的可能性。

HirisPlex-S 检测还包括一种名为 MC1R 的基因变异，这是许多消费者基因组学报告的最爱，因为它与红发有关。红发变异是隐性基因，这意味着你的父亲和母亲都要拥有红发变异才能看到效果。这就是红发人比较少见的原因，只有在某些群体（例如爱尔兰人）中，这些变异才普遍存在。隐性遗传还意味着，如果棕色头发的父母的染色体上都带有一个红发变异，则他们可能会生下红色头发的孩子。

🧬 身高和多因子性状的复杂度

与我们迄今为止看到的其他性状相比，身高的遗传复杂度要处于更高层级。大约有 300 种基因会影响身高，这使其成为多基因性状。但是，身高不仅取决于基因，而且依赖于遗传和非遗传因素综合作用。从对双胞胎的研究中我们知道，这种性状大约 60% 到 80% 是依靠遗传，因族群不同而有所差别。在基因的作用下，你不会长得很高，也不会太矮。然而，有些环境因素会影响结果。例如，儿童时期的某些感染或营养不良会抑制生长。身高很容易受到非遗传因素的影响，因此被视为社会生活状况的指标。在 20 世纪，几乎所有族群人类的平均身高都在增加。这不是由于几千年来 DNA 的进化所致，而是由于营养和卫生条件的大幅改观。身高增幅最大的是韩国女性。由于社会经济条件的明显改善，韩国女性的身高比 20 世纪初期高出 20 厘米。

多因子性状将遗传学带到了另一个复杂状况。我们可能很难根据 DNA 来预测眼睛的颜色，但我们至少应该明白，眼睛颜色不会因为饮食、吸烟或生活方式等因素的变化而发生改变，因为它不受非遗传因素的影响。相对来说，我们只能预测多因子性状的遗传方面。即使发挥最大能力，DNA 检测也只能预测某人身高的 40%~80%，即该性状的可遗传部分，而剩余部分则是非遗传因素，这一部分非常难以确定，更不用说控制了。

◎ "秃发基因"

在消费者基因组学中，检测男性秃发（也称为雄激素性秃发或男性型秃发）的遗传风险很受欢迎。数百万男士从三十多岁就开始脱发严重，他们为此感到非常沮丧。近年来预防男性秃发的市场蓬勃发展，其中也包括 DNA 检测。在我的居住地，一家植发诊所甚至还主办了一场盛大的直播宣传活动，为男性秃发患者提供基因检测，以吸引新的潜在客户。

男性秃发是一种多因子性状，受遗传因素（高达 80%）和非遗传因素（如压力，可能加重脱发）的共同作用。这种情况是由于二氢睾酮（睾酮的副产品）对于具有秃发基因男性的毛囊的影响作用。与男性型秃发相关的第一个变异是在 X 染色体中的雄激素受体的编码基因中发现的，但是最近的研究已经发现数百个相关的变异。

就像其他多因子性状一样，DNA 检测对男性秃发只会给出风险预估，永远不会明确告诉你将来是否一定会秃顶。目前，对于男性秃发仍没有明确的解决方案，但是从理论上来说，事先了解秃发风险是有帮助的，因为某些治疗方法更早开始就更有效。但是，大多数商业 DNA 检测只能分析少数变异，得出近似的结果。如果你真的担心将来变成秃头，与其参与 DNA 检测，还不如自己好好检查一下头皮，看看是否有脱发的早期迹象。

第八章
尽享美食

如今，基因已成为营养领域的最新潮流，一些新兴的互联网公司根据基因组成为客户提供量身定制的饮食。你可以在网络上轻松搜索到数百家中小型公司，它们非常乐于检查你的遗传变异，并为你的饮食提供建议。基于 DNA 的营养学，或称营养基因组学，在消费者 DNA 应用的流行榜单上排名第二，仅次于系谱学。

营养基因组学网站看起来像是古板的有科学实验室和健康杂志的混合体，里面如何巧妙运用 DNA 检测信息将营养提升到新高度的宣传介绍。如果你经常阅读时尚杂志，浏览时尚博客，或者在线观看健身频道，就很可能会看到营养基因组学服务的广告。但是，DNA 饮食有科学依据吗？

深入研究 DNA 饮食

营养基因组学（或营养遗传学，在本书中用作同义）是一个具有充分理论支持的研究领域，关注基因、食物、代谢和健康之间的相互作用，为消费者营养服务提供科学依据。最近的研究发现了至少 140 种影响体重的基因，还有更多的基因有待发现。最近，一种名为 FTO 的基因走红，因为它与肥胖症密切相关，媒体称之为"肥胖"基因。除此之外，还有数百种基因会影响脂肪或糖、维生素甚至炎症的代谢，从而影响你的身体对食物、饮酒和锻炼的反应。

大多数营养基因组学检测都集中在一些会产生重大影响的变异上，例如 FTO 和其他基因，从而根据你的基因组成提供量身定制的饮食建议。从理论上来说，这是有道理的。然而，将这些数据应用于现实生活非常困难，而且目前缺乏足够的科学证据来支持基于 DNA 的饮食，这是欧盟资助的研究项目 Food4Me 得出的结论。该项目是世界上最大的营养基因组学检测项目，共有 500 名欧洲志愿者参与检测。第一组接受了标准的饮食建议；第二组遵循个性化程序，而未考虑其成员的 DNA；第三组则接受了根据基因检测结果提供的个性化建议。六个月后，接受个性化饮食建议的两组人比遵循标准饮食的人健康得多，但是使用 DNA 信息和不使用 DNA 信息的人之间没有区别，这表明定制饮食才是成功的关键，而非基因检测。换句话说，一些营养基因组学公司确实可以帮助你变得更健康，但这仅是因为它们提供了有价值的个性化的饮食指导，而与你的基因组成没有太大关系。

世界上最大的营养专业组织——美国营养与饮食学会发表了一篇论文，进一步肯定了这一观点。他们明确指出："根据基因检测来提供饮食建议目前还无法用于日常饮食实践。"我通过 Skype（一种网络通信工具）联系到了在纽卡斯尔大学（Newcastle University）任职的人类营养学教授及 Food4Me 项目的协调员约翰·马瑟斯（John Mathers），他也赞同学会的观点："如果你问我是否值得在营养实践中运用 DNA 检测，我的回答是'时机尚不成熟'。"

让我们时刻保持健康与活力的原因，同时也是营养基因组学面临的最大障碍：我们身体的新陈代谢及其复杂的机制总是让我们的生理参数保持在极限范围内。任何与营养有关的因素，包括饥饿、血糖浓度、维生素浓度和脂肪堆积情况，都由荷尔蒙和信号、反馈机制和冗余系统的复杂平衡机制所控制。基因肯定对体重有影响，但是单个基因对结果的影响不大。如果你体内含有所有已知的肥胖变异，而且假设这些变异都是最糟糕的，那么你的体重指数（BMI，衡量肥胖的标准参数）也只会比那些拥有"良好"变异的人略高一些而已。换句话说，即使你拥有所有已知的不利肥胖基因的变异，它们也不会让你的体重从"苗条"或"正常"变为"超重"。根据资料，某些基因突变确实可以增加肥胖的风险，但是这些突变非常少见，并且在婴儿期就可以看到影响迹象。这些疾病属于罕见遗传性疾病，不在营养基因组学的研究范畴之内。

抛开费用不谈，在饮食中加入 DNA 检测看似没有坏处，还会让你有所期待。但是，从科学角度而言，现在的 DNA 检测并无太大作用。如果你担心你的腰围，更有效的方法是遵循合理的个性化营养建议。

你有美食基因吗？

位于意大利摩德纳（Modena）的米其林三星级餐厅弗朗西斯卡纳餐厅曾两次被评为世界最佳餐厅。我在意大利旅行期间，曾几次路过该餐厅。我被其淡雅朴素的风格吸引，幻想着与朋友们相聚于此，享用世界上最好的现代美食，而且受到名厨马西莫·博图拉（Massimo Bottura）的热情款待。我不确定自己是否能品尝出来他们定价 120 欧元的罗西尼牛排的精妙之处，但是我很清楚，我的 DNA 会极大影响我对美食的选择和品味。如果我和朋友有幸在弗朗西斯卡纳餐厅中共餐，

基因国度

基因网络如何改变生活

而且点了相同的食物和饮料，由于遗传背景不同，我们的美食体验可能会大相径庭。

　　味觉遗传学是营养基因组学中最精彩的部分。人类在发现 DNA 之前，就已经开始对味觉遗传学开展了研究。这一切都始于一种有着奇怪名字的化合物苯硫脲（PTC）和一次意外的发现。1932 年的一天，美国化学家亚瑟·福克斯（Arthur Fox）在将 PTC 粉末倒入瓶中时，有些粉末飘散到了空气中。一位同事感觉到粉末在他嘴里留下了苦涩的味道，但福克斯却尝不出任何味道。两位科学家对此很感兴趣，在进行了多次有关 PTC 的实验后，他们得出结论：人类分为味觉者（可尝出PTC 的苦涩味道）和味盲者（无法尝出 PTC 的苦涩味道）。我们现在知道，人类是否能尝出 PTC 的苦味，主要取决于一种叫做 TAS2R38的单基因，该基因编码舌头味蕾表面的受体。我们还知道，味盲者尝不出许多食物和饮料（包括朝鲜蓟、孢子甘蓝甚至葡萄酒）中的苦味，这为 DNA 相关的美食学研究提供了基础。

　　我们可以通过 TAS2R38 基因的一个变异来推断你是不是味觉者。由于味觉者的性状属于显性性状，所以大多数人对苦味都非常敏感。根据基因组成的不同，人们的这种敏感度也有所差异。大约四分之一的人对 PTC 极为敏感，被称为"超级味觉者"。关于这些超级味觉能力是适用于所有味道，还是仅适用于苦味，科学家们仍在争论不休，没有达成共识。在一些公开会议上，我常常会带一些 PTC 试纸，邀请观众参与实验。在品尝味道后，味觉者纷纷露出厌恶的表情，而旁边的味盲者却满脸困惑，这很好地证明了基因组成对人类的味觉有多么重要的影响。

　　一些研究表明，味觉者会很排斥某些食物和葡萄酒。诸如 Vinome.com 这样的消费者公司会通过分析 TAS2R38 基因，向消费者推荐一份与其 DNA 相匹配的葡萄酒清单。但即便如此，我们仍然很难确定人们品尝苦味的性状与他们的食物偏好是否相关，因为教养、文化和地理因素在这方面的影响更大，超过基因本身的影响。我要声明一点，尽管我是一个非常讨厌 PTC 味道的味觉者，但我却喜欢吃带有苦味的食品，而我最喜欢的一种阿玛隆葡萄酒也许是世界上最苦的葡萄酒。如果根据我的 DNA 组成，Vinome 肯定不会把它推荐给我。

味觉遗传学为美食家带来了很多现实性的问题。例如，是否可以雇用对苦味或其他味道不敏感的厨师呢？他会不会像盲人画家或聋哑钢琴师一样呢？他有能力理解大多数人对食物的看法吗？高端餐厅是否应该根据对苦的敏感度来选择厨师和品酒师，或者根据客户的遗传背景来定制不同的菜单？如果我无法尝出梅洛红葡萄酒和解百纳红葡萄酒，或者我面不改色地喝了一瓶劣质红酒，那我是否可以用遗传学理论来搪塞呢？

2012 年，权威杂志《葡萄酒观察家》（*Wine Spectator*）的自由编辑哈维·斯泰曼（Harvey Steiman）撰写了一篇有关葡萄酒领域的遗传学故事，他总结道："葡萄酒评论家未必是超级味觉者，就像音乐评论家未必拥有美妙的歌喉一样。"尽管《葡萄酒观察家》杂志如此评论，但总有一天，DNA 检测会被应用到我们的日常餐饮中。除了"味觉者"变异外，其他基因也会影响我们对咖啡、通宁水中的奎宁、香菜等的敏感度以及对甜味、鲜味和酸味的感知能力。随着对基因变异的更多了解，我们可以通过一系列检测来更准确地衡量人们的味觉能力。未来高端餐厅提供 DNA 定制美食也很可能成为现实。

第九章
极客之美

曾经有过一段黄金时代，音乐家和工程师相互协作，精心打造电吉他拾音器、合成器或失真效果器。时光已逝。2015 年，当杜兰杜兰乐队（Duran Duran）的键盘手尼克·罗德斯（Nick Rhodes，20 世纪 80 年代的英国流行歌星）和伦敦帝国理工学院（Imperial College London）工程学教授克里斯·图马佐（Chris Toumazou）在航班偶遇时，他们没有谈论音乐，而是合作创立了一家消费者 DNA 公司：GeneU。

位于伦敦邦德街（Bond Street）的 GenU 奢侈品店中的销售员都拥有博士学位。客户花费约 1 000 美元即可在店里参与唾液基因检测，在 30 分钟后就能获得根据 DNA 定制的护肤品。这就像将丝芙兰（Sephora，全球知名化妆品品牌）融入《2001 太空漫游》（*2001 Space Odyssey*）的宏大场景，奢侈品店不仅能给客户增添奢华气质，而且还提供先进的唾液基因检测。

但是，基因检测与化妆品的珠联璧合最终宣告失败，2019 年，这家奢侈品店倒闭了。尽管如此，基于 DNA 的化妆品服务如雨后春笋般在互联网上迅速兴起。这些公司会扫描你的染色体，寻找可能会引起胶原蛋白分解、晒斑、皱纹、自由基损伤甚至可怕赘肉的任何遗传变异。许多商店都在出售根据你的 DNA 所量身定制的超高价格的面霜或保湿霜。谁不想拥有 20 岁少女的细嫩皮肤，哪怕是多花一些钱也行。但是，在花费数百欧元购买根据 DNA 定制日用护肤品之前，我们最好了解一下它是否比普通护肤品更好。将基因信息用于美容产品是否真能发挥其优势？DNA 检测能告诉你哪些有关皮肤的未知秘密呢？

永远年轻

毫无疑问，皮肤衰老与遗传因素有很大关系。皮肤衰老之所以存在个体差异，其中 60% 取决于 DNA 因素，而剩余 40% 则取决于环境和生活方式因素。后者中的日晒与吸烟排在前列。尽管科学研究和消费者基因组学公司都坚信这些数字是有科学依据的，但事实上它们仅来自一项于 2005 年完成的研究，所以我们应谨慎参考。除了占比外，我们可以说，遗传因素对健康漂亮的皮肤也能起到关键作用。迄今为止，科学家们已经发现了数十种能维持皮肤肌理与色调的基因。但是，在化妆品营销中，假冒产品屡见不鲜。因此，当我们看到"美妆"与"科学"这两个词同时出现时，一定要擦亮双眼、谨慎行事。对于基因定制护肤品，我们要关注的不是相关的科学原理（即遗传因素如何对皮肤肌理与衰老产生影响），而是应该如何实际使用。

我们以一种主要护肤品"胶原蛋白"为例。胶原蛋白是一种能保持皮肤紧致细嫩的蛋白质。当胶原蛋白支架塌陷时，你的皮肤就会产生皱纹，这就是它在美容护肤领域中如此受欢迎的原因。许多护肤 DNA 检测都重点关注 MMP1 基因的变异，该基因编码一种能吞噬胶原蛋白的酶，因此成了美丽容颜的天敌。某些 MMP1 变异比其他更具活性，因此护肤品公司将扫描你的 DNA，并且相应地调整产品中胶原蛋白的含量。如果你的 MMP1 基因比较活跃，这些公司就会在产品中加入较多

的胶原蛋白。从理论上讲，这似乎是很聪明的做法。在实践中，与其花费精力与金钱去分析基因组成，不如在日用化妆品中添加更多的胶原蛋白，这岂不是更简单、更便宜吗？

这种逻辑也同样适用于其他 DNA 护肤检测。例如，许多检测会对影响氧化敏感度的变异进行分析，以确定你适合使用多大剂量的抗氧化剂。遗传敏感度越强，定制产品中所添加的抗氧化剂就越多。但是，既然抗氧化剂有效果，为什么不在日用化妆品中添加更多的抗氧化剂呢？

还有一些护肤检测可以检测你是否天生就容易出现皮肤干燥、酒糟鼻或脂肪团，这样你就可以使用特定产品来解决这些问题。但是，即使没有 DNA 检测，大多数成年人也早就知道自己皮肤的缺陷。在线杂志 *Gizmodo*[①] 的记者克里斯汀·布朗（Kristen Brown）尝试使用了一家消费者公司的 DNA 优化护肤程序，并得出了相同的结论："事实证明，我可能比那些试图破译我的 DNA 的神秘算法更了解自己的皮肤。"克里斯汀尝试使用了一个包含四个步骤的常规程序，并服用了十种据称适合自己基因组成的每日补充药物后，皮肤状况开始变差，于是重新使用了自己平时常用的两种产品。

现在，化妆品行业存在一种不良风气，很多公司常常使用欺诈性的科学术语或图片，为自己的美妆产品披上高科技或医疗专业的光鲜外衣。一个行业一味追求标新立异，但又没有任何实质性创新突破时，采用这种伎俩也就不足为奇了。比如，所谓的"胶束水"（micellar water）其实就是肥皂水，但是其命名显然比后者更为"高端时尚"。DNA 定制护肤品只不过刚刚起步。这些公司引用了数十篇科学论文，但这些研究只是与皮肤衰老遗传学相关的基础科学，而不是能检测产品疗效的实际试验，因此不能作为论证依据。也许在将来，这些 DNA 检测可能会起作用，但是现在没有任何科学依据可以证明其功效。

---

① 美国科技新闻网站，主要报道全球最新的一些科技类产品。——译者注

第十章

天生跑者

只跑了 3 千米，我就精疲力竭了。我落后于其他几个男孩一整圈。我的双腿就像绑了沙袋，根本迈不开步。我挣扎着走出跑道，瘫软在旁边的草地上。

我当时只有 12 岁，这种灾难般的表现似乎预示着我运动生涯的终结，但事实并非如此。这只说明我缺乏耐力。后来，在高中期间，我发现自己拥有短跑天赋，并为此进行了艰苦的训练。在第一场正式比赛中，我的百米成绩在全校排名第一。18 岁之前，我在 100 米、200 米以及 4×100 米接力赛中均创造了新纪录，并且在全国学生田径比赛中荣获第 15 名。如果当时条件允许，我是否可以通过 DNA 检测来发现自己的这种天赋呢？我是否可以更早地开始练习短跑，从而利用自己的遗传天赋来取得更好的成绩呢？

几年前，一些诸如《千钧一发》(Gattaca)的反乌托邦科幻电影就提出过此类问题。随着消费者基因组学的出现，无数家庭纷纷参与 DNA 检测来确认孩子是否具有运动天赋。运动天赋只是 DNA 检测的项目之一。近年来，"天赋"DNA 基因组学正在悄然兴起，策略性地针对那些希望了解孩子适合哪些运动、学习和职业的父母。总部位于芝加哥的 Orig3N 公司是该行业最大的参与者之一，提供"儿童发展""行为"

和"超级英雄"的程序套件，并提供基因检测来发现孩子的数学技能、语言和其他认知能力。该公司如此宣传："你的孩子是否拥有轻松学习新语言的基因呢？你的孩子是否爱挑食或者爱吃甜食呢？你的孩子适合哪种运动呢？从孩子的健康状况到语言和学习能力，基因检测结果可以帮助你更好地了解孩子。"该行业的另一家公司 MapmyGene 承诺，可以"根据孩子的内在天赋与能力来精心培养，让孩子'赢在起跑线'"，并且能通过"避免父母与孩子发生不必要的争执"来建立"更和谐的亲子关系"。

尽管缺少准确的统计数据，但是可以看到，全球范围内提供此类检测的诊所数量激增，并且已经有很多家长在为孩子选择学校或课程之前参考了 DNA 检测结果。这些基因检测的尝鲜者是应用全新的基于数据的育儿方法的先锋，还是被诱骗参与昂贵但不准确检测并且将来会被孩子们责怪的失败父母？

⊙ 你拥有速度基因吗？

2003 年，一项研究发现，在一些优秀的短跑运动员体内，有一种名为 ACTN3 的基因。从这以后，ACTN3 在消费者基因组学中被广泛用于预测运动能力。而这个原本默默无闻的基因因此得名"速度基因"。ACTN3 编码一种名为 actinin-3 的蛋白质，这种蛋白质存在于快缩肌纤维（形成肌肉的两种肌纤维之一）中。快缩肌纤维负责产生短跑或举重中所需的强大爆发力，例如，研究人员对几名奥运会短跑决赛选手进行了检测，发现他们都拥有功能良好的 ACTN3，而慢缩肌纤维则对于长跑等耐力运动至关重要。根据估计，大约有 1/6~1/4 的人都从父母的染色体中遗传了具有缺陷的 ACTN3 基因副本，无法在其肌肉中产生任何 actinin-3 蛋白质。研究表明，actinin-3 可以让人们在力量运动中占据优势。但是，无论有无这种蛋白质，肌肉都会很好地工作。

actinin-3 到底能带来多大的优势呢？答案揭晓：我们不必过分在意 ACTN3，这种基因只能为力量运动表现带来 2%~3% 的差异。换句话说，有和没有"速度基因"的人没什么区别，除非你成为顶尖田径选手，每种额外细节才会变得异常重要。因此，针对 ACTN3 变异的检测对我们的日常生活毫无用处，但可以用来预测顶尖田径赛选手的运动表现。至少在某些需要爆发力的运动中，拥有不利 ACTN3 基因组合的人登上领奖台的难度可能会更大。

如果这些数据得到证实，体育将成为预测性 DNA 分析有效影响职业生涯的第一个专业领域。但是，这也带来了有关遗传歧视的新问题，并可能重新定义"冠军"的概念。如果一个孩子梦想将来能参加奥运会 200 米决赛，那么检测他的"速度基因"合适吗？如果检测结果不理想，父母是否应该鼓励他们的孩子尝试其他运动？他们现在是否应该放弃梦想，以避免成绩达不到理想水平？

在体育编年史中，有很多纪录创造者在最初被认定为不适合该项运动。我的偶像之一彼得罗·门内亚（Pietro Mennea）曾因骨瘦如柴，被许多教练拒绝，但最终他在 1980 年莫斯科奥运会上获得了 200 米短跑比赛金牌。他在 1979 年创造的世界纪录保持了 17 年之久。40 年后，该纪录仍然是欧洲此项运动的最佳成绩。如果按照"速度基因"的选拔标准，他早就被淘汰了。莱昂内尔·梅西（Lionel Messi，太矮）、安东尼·格里兹曼（Antoine Griezmann，太瘦）和哈里·凯恩（Harry Kane，太胖）等足球运动员在孩童时代也因体型不佳而一度被弃用，最后通过不懈努力才成就光辉的职业生涯。我们愿意相信，只要努力训练，拥有激情和决心，一切皆有可能。但是，如果踏上起跑器的女孩或站在跳板上的男孩都非常优秀，但由于他们的基因组成不够完美，他们永远也不会在奥运会上摘金夺银，那我们又该怎么办？我们还会以同样的方式来看待体育吗？我们会纵容运动员使用兴奋剂甚至修改 DNA 来弥补自身的遗传劣势吗？

目前，人类还没有研究出能准确预测的 DNA 检测技术，但我们也无法断言基因检测就一定没有作用。目前是存在一定困难，但也许新的研究会研究其他同样重要的变异。随着 DNA 检测变得越来越普遍，结论越来越准确，我们应该认真思考这样的问题了。

寻找 X 因子

对于数学、语言、音乐或创造力等抽象能力，是否也存在类似于"速度基因"的影响因素呢？这是不可能的。虽然研究表明，认知能力具有很高的遗传性，但这些遗传因素十分复杂，涉及数千种基因。2014 年，维康信托基金会人类遗传中心（Wellcome Trust Centre for Human Genetics）组织领导了一个国际项目，研究了大约 2 800 对双胞胎，以寻找数学和语言能力与基因之间的相关性。研究人员发现，这两种能力都具有很强的遗传特性（40%~70%），但他们无法指出哪种遗传变异或哪组变异能产生明显影响。他们得出的结论是，很难找到与"数学"或"语言"完全无关的基因，因为这些抽象能力受太多基因的影响，而每种基因的影响很小。更麻烦的是，认知能力是许多不同的生物机制的组合。简单的计算遍及整个大脑（高等数学则局限于特定的神经区域），并且需要大脑不同部分之间的交流。

然而，专门从事天赋 DNA 检测的公司并没有因为其产品的科学依据薄弱而止步不前。为了支持他们的主张，他们引用了许多科学研究的成果，试图将所有人类的行为特征和能力（包括音乐、同理心和数字推理等）都与遗传变异扯上关系。但是，大多数基因检测只关注那些导致认知障碍的缺陷基因，对于身体健康的人来说没有太大用处。许多天赋DNA检测公司试图将复杂的问题简单化，着眼于少数可以为用户带来优势的变异，于是大肆兜售"数字蛇油"（digital snake oil）[1]。尽管天赋基因检测技术仍是空中楼阁，但其市场需求确实存在，这表明了人们在一些重要选择上希望参考基因检测结果。

⊕ 西部荒野

根据DNA检测的结果，贝利（Bailey）在成绩测试和智力方面表现良好，拥有"出色的语言学习技能"。相比之下，金杰（Ginger）"就其智力和运动潜力而言，是显得比较平庸"。然而，实际上接受检测的贝利和金杰是狗，而不是孩子。2018年，一位来自芝加哥的NBC（美国全国广播公司）记者和一位博主将宠物的唾液寄送给不同的DNA检测公司，以评估各公司的检测质量。虽然大多数公司拒收狗的样本，但Orig3n这家检测公司却提供了贝利和金杰的详细检测结果。此外，有些人将动物样本甚至自来水样本寄送到这家公司，也同样收到了检测报告，内容包括健康状况以及针对天赋的建议。

这实在令人难以置信，一家DNA检测公司居然可以犯如此低级的

---

① 意指采用未经证实的权威性声明、夸大的广告语言、虚假的客户评价等进行营销，旨在鼓励消费者购买虚假或不实用的数字产品或服务。类似于传统的"蛇油销售"。——译者注

错误，并且还能够合法经营。虽然在西方国家，消费者基因组学的医学应用被卫生当局严格审查甚至明令禁止（我们将在后文阐述），但天赋DNA检测仍然是合法的，这类公司的检测套件可以不经任何科技质控把关就能出售。每个相关的医学协会都公开表示，反对滥用针对儿童基因的检测，尤其是在未经科学证实的情况下。

天赋DNA检测引发了前所未有的伦理问题，因为尽管产品服务是面向父母销售的，但应用对象是孩子们。当长大成人后，他们发现当初自己就像小白鼠一样被这种缺陷技术进行检测时，肯定十分恼火。显然，一颗定时炸弹已经埋在了家庭之中，随时会被引爆。他们会沮丧地责问父母，他们为什么不能按照自己的理想上艺术学校，而是要按照基因检测结果成为一名工程师。本来孩子们就爱责怪父母，这种不准确的DNA检测只会让这种情况更严重。

对于被哄骗使用这些检测的父母来说，这些问题变得真实而紧迫。随着DNA技术的普及，诸如孩子应该遵循自己的直觉还是基因检测结果的此类难题可能会成为家庭会议上的常见话题。

第十一章
唾液检测与性爱

我非常了解我的朋友。在一次晚宴聚会上，我提到自己正在写一本关于 DNA 社交网络的书，果然不出我所料，朋友们最关心的问题是：我可以利用 DNA 检测来交友吗？既然有这么多人在使用交友软件，他们为什么不去尝试 DNA 社交网络呢？

事实上，现在有很多专业公司在提供此类服务，填补了这个利基市场。这些公司可以检测你的 DNA，并为你找到最匹配的异性伴侣。将 DNA 检测与交友软件相结合是一种极具诱惑力的想法，而且现在交友软件的市场十分庞大。但是，此类服务是否能最终取得成功呢？

◎ DNA 的火种

DNA 配对本质上是通过一组"人类白细胞抗原"（HLA）的编码基因完成的，根本谈不上浪漫。你可能听说过 HLA 移植，这些抗原位于白细胞表面，对免疫系统有非常重要的作用。要避免移植后的排斥反应，就必须找到与 HLA 相容的供体。令人惊讶的是，HLA 还能影响某些动物选择配偶。因此，HLA 的另一大作用就是，能够决定消费者基因组学中的性相容性。尽管确切的机制尚不清楚，但似乎许多动物都可以闻出 HLA 抗原，并喜欢与带有不同的 HLA 抗原的动物进行交配。

这种方式看似有些奇怪，但却对进化学具有非常重要的意义。HLA 抗原是对抗有害微生物的前线战士，每种抗原都可以识别一定范围的外源蛋白。你的遗传基因库中包含的 HLA 抗原类型越多，那你战胜有害微生物的概率就会更大。因此，偏爱与包含不同 HLA 的异性交配，后代会因此受益，获得更多种类的抗原。DNA 交友网站将这种科学概念转化到我们的生活中。他们通过扫描客户的基因组来识别他们的 HLA（HLA 和血型一样，都是由基因确定的），并尝试匹配具有不同抗原的人。

现在，你肯定对此颇感兴趣了吧。如果你还没有做过检测，你可能会好奇这东西是否真的有效。答案是：确实有效。不过，前提是你得变成老鼠或鱼，因为 HLA 在性选择中能起到确定性作用的只有这两种动物。很遗憾，目前还没有令人信服的证据表明人类择偶会受到 HLA 的影响。

整个 DNA 配对行业都是基于瑞士的进化论学者克劳斯·韦德金德（Claus Wedekind）的研究工作。在 20 世纪 90 年代，他因"腋窝实验"而名噪一时。他找来一些男性志愿者，让他们连续几天都穿着同款 T 恤，然后将这些 T 恤放在外观相同的盒子里，让女性志愿者来闻气味，并说出她们喜欢哪种气味。根据统计数据，韦德金德发现，女性更喜欢具有不同 HLA 的男性的气味。于是，他得出结论，人类会做出和啮齿类动物及鱼类一样的 HLA 选择。多年来，其他研究人员曾多次尝试重复"腋窝实验"，但是，大多数研究并未发现 HLA 和气味偏好之间的相关性。更令人困惑的是，一项研究发现，女性更喜欢拥有和她们父亲相同 HLA 的男人的气味。而另一项研究则认为，视觉要比味觉的作用更大。最近，还有一项扩展到整个基因组的研究，也没有发现性吸引力与 HLA 之间存在任何统计关联。即使韦德金德是正确的，通过基因检测配对的夫妇也要特别注意女士的避孕药使用。研究表明，避孕药会在短时间内完全改变女性的 HLA 偏好，这意味着她们可能会被其他男性所吸引。

可能是觉得 HLA 与性之间的关系还不够复杂，专家们继续研究其他相关因素。他们坚持认为，细菌是决定我们身体气味的最重要因素，比 HLA 要重要得多。一位叫作理查德·多蒂（Richard Doty）的气味专家在接受《连线》（Wired）杂志专访时表示："有人认为人体中存在某种魔法基因，能以某种方式与环境中散发的气味建立关联，从而让人们更具吸引力，这完全是无稽之谈。如果人类的费洛蒙真的能引起和其他哺乳动物一样的行为，那人们就将处于癫狂状态，纽约市的地铁将陷入持续混乱。"

DNA 交友的科学证据非常薄弱，甚至根本就没有。产生性吸引力的真正"化学因素"包含了生物学、心理学和概率的成分。但是，对许多人来说，为了寻觅爱情来进行此类推测仍具有很大的诱惑力，即使这与根据星座来寻觅伴侣并无区别。

第十二章

酷儿基因

打开基因组浏览器，选择 X 染色体。然后，将你的坐标设置为
"Xq28"，导航将带你到达染色体的顶端。此时，你就到达了目的地：
这块基因区域就是持续近三十年的"男同基因"争论的起源地。

这一切都始于 1993 年，当时在贝塞斯达（Bethesda）美国国
家癌症研究所（US National Cancer Institute）工作的迪恩·哈默
（Dean Hamer）领导的研究小组研究了 114 个男同性恋者家庭，并
在"Xq28"中发现了可以解释同性恋起源的依据。尽管他们没有找
到具体有哪些基因与男同有关，但他们找到了相关的区域。与异性恋
者相比，男同性恋者在这块基因区域上具有相似的遗传特征。这块区
域的面积很大。如果把 X 染色体比作一个基因城市，那么"Xq28"就
是一个拥有数百个基因的地区。当哈默在 1993 年发表他的研究报告
时，其中许多基因仍不为人知。之后科学家发现"男同基因"的消息迅
速在媒体上传播，引发了人们对于同性恋到底是先天还是后天形成的
争论。

并非"同性恋雷达"

　　根据统计数据，有 2%~6% 的人可被定义为同性恋，无论其性别、文化或社会、地理和宗教背景如何。有一些人是纯粹的同性恋，而其他人则是双性恋，只有同性恋经历，或者喜欢同性但没有过同性性行为。为了说明这种差异，研究人员经常使用所谓的金赛量表。这是一种评级系统，级别从 0（纯异性恋）到 6（纯同性恋），中间包含各种不同的欲望与经验等级。对双胞胎的研究表明，同性恋倾向有 30%~40% 来自遗传，其余的则来自非遗传因素。每个研究者（包括后来成为电影制作人的哈默）都同意不存在"男同基因"或"同性恋"基因。性取向是涉及许多遗传和非遗传因素的多因素性状，其中大多数因素仍然未知。

　　然而，无论是新闻媒体还是普通民众，都固执地相信"男同基因"的存在，并不断发表歪曲言论。许多 LGBTQ 群体（性少数群体）[①] 也同意同性恋是由基因决定的想法，即使这意味着基因检测可能会泄露他们的个人性取向。他们认为，如果同性恋取决于 DNA，那么它就是自然产生的，而非个人选择，社会也不应干涉和试图改变。另外，憎恶同性恋的人对于同性恋是后天所致的任何证据都感到高兴，因为这就意味着同性恋在某种程度上是"违背自然"的，因此可以使用自由意志、教育、惩罚或其他任何方法来对他们进行"纠正"。

　　此外，科学家还证明，同性恋只不过是一种行为性状，就像性格外向或偏爱前卫的摇滚音乐而不是说唱音乐一样。问题在于，社会没有将

[①] 这是一个缩写词，用于指代不同的性别认同和性取向群体。L-Lesbian（女同性恋者）、G-Gay（男同性恋者）、B-Bisexual（双性恋者）、T-Transgender（跨性别者）、Q-Queer（酷儿、性别非二元者，意指性别认同和／或性取向不被简单地分为男性或女性、同性恋或异性恋的人）。

性取向视为一种普通的问题。就像血统检测一样，性取向可能会不适当地定义人们的身份、个性和社交生活，一旦这个话题被卷入公众辩论，这些领域的基因信息就会失去中立性。1948年，《金赛报告》（*Kinsey Report*）开启了美国人性生活的"潘多拉魔盒"，顿时引起了公众的震惊与愤怒。一年后，英国首次在全国范围内进行了性行为调查（被称为"小金赛"），但调查结果被封禁，直到2005年才予以公布。1965年，诗人兼导演皮尔·保罗·帕索里尼（Pier Paolo Pasolini）拍摄了一部反映意大利人性生活的纪录片《幽会百科》（*Comizi d'Amore*），被评为X级[①]，并因此受到议会的质询，并且被贴上"有辱人格"的标签（这部电影现在已被列入意大利百部最佳电影的官方名单中）。

如今，尽管西方社会已不再那么偏执，但禁忌、成本和对引发巨大社会舆论的恐惧仍然阻碍了对性行为的研究。

DNA社交网络给这个微妙的社会热点话题带来了一股清风。这些平台允许唾液受测者匿名提供信息，从而有助于人们回答一些敏感性问题。而且这种形式能吸引更多民众参与调查。当23andMe进行有关同性恋遗传学的首次研究时，有11 000个唾液受测者积极参与了调查。领导这项研究的23andMe科学家埃米莉·德拉班特（Emily Drabant）解释说，与传统学术环境相比，公司在DNA社交网络上开展工作要容易得多，而且用户还能针对研究提出自己的想法。该项研究并未发现与同性恋行为相关的任何明显基因变异。几年后，该平台携69 000客户资源与波士顿的布罗德研究所（Broad Institute in Boston）以及英国政府的生物样本库（UK Biobank）合作组织了另一项大规模研究。英国生物样本库提供了40多万名唾液受测者的DNA检测结果与调查问卷。这是迄今为止关于同性恋遗传学的最大规模的研究。2019年，该

① 美国电影分级标准X级表示不准在大院线放映的电影。——译者注

研究的主要发起人安德里亚·加纳（Andrea Ganna）在圣地亚哥的一次公开会议上宣布："我很高兴地告诉大家，'男同基因'并不存在。"

他的团队发现了五种与男女同性恋行为相关的基因变异，但是每种变异对同性恋的影响都很小，而且这些变异在异性恋男性中也经常出现，只不过频率低一些。因此，我们不能通过基因检测来判断某人是不是同性恋。结论是：与其他人类性状一样，人类的性行为受到遗传因素、环境影响和生活经历等多种复杂因素的共同影响。

尽管遗传因素确实影响性取向，但性取向的成因非常复杂，不能仅凭 DNA 检测就妄下结论。如果你想通过 DNA 检测来推断你的孩子、配偶或你自己是否有同性恋倾向，那你可能永远都无法实现。

浪费时间？

如今社会，每个人都有权维护自己的性取向，尽管一些顽固的保守派人士对同性恋持排斥态度，但同性恋本质上并不是一种疾病。那为什么我们还要费力去研究同性恋遗传学呢？这是一个值得深思的问题。人们经常会在我的讲座中提出这个问题。我有两种身份，既是科学家，同时也是一个公民。因此，我会分别从两个方面给出答案。

一方面，作为一个科学家，我对这些研究感到兴奋，因为它们能给我带来启发与灵感。任何专门研究人类行为的科学都值得我们投入精力。况且，这些研究还有助于提升我们对人脑的总体认知。好奇心是科学发展的动力。未来，研究同性恋的影响基因将有助于了解人类大脑如何运作，甚至有助于治疗阿尔茨海默病或研究治疗癌症的新药。

另一方面，作为一个公民，我的回答更简单。我认为，人们应该忘记"男同基因"，尊重他人自由生活的权利，让大家都能按照自己的意愿生活。从科学角度而言，有关同性恋遗传学的研究值得我们继续。但是，我们寻找基因的目的不是去证明或谴责同性恋，因为根本就没有什么可以证明或谴责的意义。关于 LGBTQ 群体是天生就有自己的取向还是后天的选择，这种争论其实是一个认知陷阱。人们没有必要为获取他人认同来辩护自己的性取向。即使科学证明同性恋纯粹是遗传的或纯粹是后天形成的（事实并非如此），我们也不必在意。

基因国度

基因网络

如何改变生活

第十三章

谢谢你的唾液

基因国度

基因网络
如何改变生活

当初，我是出于好奇才在 23andMe 网站上注册的。如今，这个网站似乎对我颇感好奇。它的算法原理就是刨根问底，不停地问我各种稀奇古怪的问题："你抽烟吗？""你什么时候学会写字的？""你 6 岁时尿过床吗？""你会吹口哨吗？""你长雀斑了吗？""你经常哭吗？""你会扭动鼻子吗？"

我当然可以不予理睬，但是我对这些问题也很感兴趣，并且动动手指选择答案也不会让我损失什么。"不，我不会扭动鼻子。""是的，我会吹口哨。"这个算法就像一个五岁的孩子一样，对我的回答永远都不满意。每当我回答完一个问题，马上就有下一个问题冒出来："你是在何时变声的？""你睡觉时打呼噜吗？""你是被收养的吗？"

事实上，23andMe 并不是好奇的男孩，提出这些问题也不是出于好玩。这个网站虽然有我的 DNA 样本，但是对我仍一无所知，所以需要更多的信息来完善我的个人资料。这些算法想了解我的临床病史、生活习惯和喜好。它问我"是否曾经得过中风？""是否已有肿瘤或肠道寄生虫？""吃过这种或那种药吗？""成年后学过第二语言吗？""喜欢吃抱子甘蓝吗？"。通过回答这些问题，我可以帮助这家 DNA 公司发展其庞大的数据库，并将人们的数百万 DNA 与他们的性状联系起来。我每回答一个问题，网站都会感谢我对研究的帮助。我光着脚丫坐在沙发上，一边用个人计算机上网，一边看电视。这时有人告诉我，我正在为基因研究做出贡献。听起来是不是很好笑？

众包研究

下面，我们来做一个 10 亿美元的实验。史蒂文（Steven）是个 50 多岁的男人，身体非常健康。迈克尔（Michael）与史蒂文一样大，生活方式和家族史也非常相似，但几年前他得过中风。有一种遗传基因导致了史蒂文和迈克尔之间，以及健康人与中风患者之间的差异。既然找到了罪魁祸首，那我们就可以有针对性地设计一种 DNA 检测来预测中风和规避风险。这种基因可以解释为什么有些人会中风，还可以帮助研究人员开发新药。那么，怎样才能找到这种基因呢？

我们不能只比较史蒂文和迈克尔的基因。从统计学上讲，人与人之间大约有 600 万种基因差异，我们根本不知道哪种基因变异会导致疾病。相反，我们应该去解码数百甚至数千名像史蒂文这样的健康人的 DNA，并使用统计算法将其与像迈克尔这样的中风患者的 DNA 进行比较。如果运气不错，通过这种分析，我们就能够找到一种或多种在中风患者中普遍存在的基因变异。扩展到整个 DNA，这种比较被称为全基因组关联研究（Genome-Wide Association Studies，简称 GWAS），在现代基因组学中被广泛应用。你从媒体上看到人类又发现了与某种复杂性状相关的新基因时，那这种信息很可能来自 GWAS。但这也不是绝对情况，某些人拥有"健康"基因的人可能也会患上中风；而其他一些拥有"不良"基因的人可能一辈子也不会患上中风。但是，统计数据说明，拥有"不良"基因的人更有可能得病，这为后续研究提供了很好的方向。

GWAS 的问题是耗时而且费钱。研究人员必须寻觅和招募志愿者，获得他们的书面同意和机构伦理委员会的许可，获取他们的临床记录，根据他们的年龄、生活方式、症状或其他参数进行分组，收集他们的 DNA，安全地存储样本，进行解码，并研究文件。

DNA 社交网络及其详尽的调查改变了这种状况。当客户注册某个基因社交网时，客户会将自己的 DNA 检测报告寄送给这家公司，这是公司进行 GWAS 研究的基础。接下来，公司会收集客户的个人信息——他们的相貌、疾病、习惯、偏好、怪癖以及任何可以通过研究与 DNA 建立关联的个人性状。为了获得这些宝贵数据，23andMe 会向其会员提出各种问题，而这些问题的答案形成了最终的"性状拼图"。这种方法非常有效。在屏幕上弹出的每个调查问卷的背后，都有一个潜在的 GWAS，我会提供自己的遗传材料和答案，默默地给予支持。

这个系统的整体架构就是一个连接客户 DNA 档案的网络，只需轻按开关即可进行 GWAS 研究，而成本仅为类似实验室研究的一小部分。无论你是在客厅里、火车上，还是在星巴克里，无论你登录基因社交网是为了寻找表亲，还是只想看看自己为什么不喜欢洋蓟①，事实上你已经加入到了这个集体实验中。在这些网站的娱乐休闲外衣下，潜藏着一场能够改变研究和医学的技术革命。我们的 DNA 与性状都是科学进步的重要资源，因此唾液受测者实际上有助于基因研究。

23andMe 是第一个将这种众包方法应用于基因研究的公司。2009 年，该公司的科学家尼克·埃里克森（Nick Eriksson）在《新英格

---

① 洋蓟，又名菜蓟、球蓟、朝鲜蓟。是菊科，属多年生草本植物，原产于地中海沿岸，19 世纪传入中国，至 21 世纪在云南、浙江、湖北等省有较大面积的栽培。——译者注

兰医学杂志》（*New England Journal of Medicine*）上读到了一篇研究论文。来自全球 16 个中心的研究小组发现了帕金森病（Parkinson's disease）和高雪氏症（Gaucher's disease，一种罕见疾病）之间的遗传关联。这是一项持续 8 年并且耗资数百万美元的 GWAS 研究。埃里克森感到好奇，他想知道通过检验网站收集的唾液受测者的 DNA 是否也能得出相同的结论，因为其中一些唾液受测者自述患有帕金森病或高雪氏症，也有的受测者同时患有这两种疾病。他在计算机上仅用 20 分钟就得出了同行的研究结果，甚至无须跟任何病人会面。

　　一年后，他的团队采用相同的策略，发现了许多与眼睛颜色、雀斑和其他性状相关的基因变异，并将结果发表在顶尖科学杂志《公共科学图书馆：遗传学》（*PLoS Genetics*）[1] 上。这项工作并没有什么创新性，只是关注了一些细节特征，也没有对医学领域产生重大影响。但是，这项工作证明了一直被大多数科学家轻视而且被贴上"娱乐"甚至危险标签的消费者基因组学具有可行性，理应在严肃研究中占有一席之地。

　　生物技术行业也认识到，从网络上收集的唾液受测者的自我报告数据的质量可能低于实验室收集的数据，但是它们的庞大数量和易用性完全可以抵消这些局限性。迄今为止，唾液受测者已经为数百项重要的 GWAS 研究做出贡献。他们在调查问卷中提供了有关帕金森病、糖尿病、哮喘、溃疡、精神分裂症、癌症和其他数十种病状与性状的信息，包括他们的性取向。我们在前文中介绍了有关同性恋遗传学的工作，来自 23andMe 和英国生物库的数千名志愿者参与其中。当这些研究发表在科学论文上时，唾液受测者因参与研究而得到广泛认可。

---

[1] *PLoS Genetics*，全称为 Public Library of Science，2005 年创办，由公共科学图书馆出版，该杂志的论文以遗传学和基因组学等各方面的研究为主。——译者注

免费烤面包机

　　基因大数据市场不仅体量庞大，而且前景光明。23andMe 是首家进入该市场并且与制药公司达成六位数交易额的 DNA 社交网络公司。但是现在，它遇到了新的对手。系谱巨头公司 AncestryDNA.com 加入竞争，凭借其海量的客户 DNA 数据和自 18 世纪起创建的众包家族数据库，向生物医学研究公司出售各类数据资料。其他公司也纷纷杀入战局。对于这些平台来说，DNA 检测套件就相当于"免费烤面包机"，真正的产品是唾液受测者的个人信息。尽管分析费用仅够支付成本，但这些公司可以通过收集用户数据并将其出售给学术实验室和制药公司来赚取利润。这些实验室和制药公司利用 DNA 社交网络收集数据要比自己创建数据库更加方便，成本更低。

　　这种经营模式类似于 Facebook 和 Google 等社交媒体，通过提供免费服务以换取用户的数据。而且，随着 DNA 技术成本的下降，基因组公司现在甚至可以免费或以极低的价格提供 DNA 检测，以吸引新的唾液受测者并为其数据库增添更多的样本数量。例如，23andMe 向拥有非裔美国人血统的客户提供免费检测服务，因为此类客户在基因数据库中的代表样本不足。

　　参与研究的非营利协会也对使用这些平台感兴趣。例如，著名演员迈克尔·J. 福克斯创立的专门研究帕金森病的私人基金会（Michael J. Fox Foundation）。基金会创建了一个名为福克斯观察（Fox Insight）的社交网络平台，已经有 4 万多人上传了自己的健康和遗传数据资料。该平台还与 23andMe 合作，为帕金森病患者提供免费的 DNA 检测套件。Patientslikeme.com 是一个自助社交网络平台，有数百万人在探讨各种疾病和治疗方法，并共享基因信息。该公司还与制药公司达成协

⬡ 谁拥有你的基因?

　　所有消费者基因组学网站都声称，你的 DNA 信息始终是你的个人财产。但是，在这个数字化时代，很难预测这些信息将如何被使用以及用于什么目的。而且，各家公司的政策都有所不同。例如，我与 23andMe 公司签约后，就完全授权该公司使用我的资料做任何事情，只要确保匿名并且与其他唾液受测者的数据一起使用即可。我唯一要做的决定是，是否同意将我的信息用于科学出版物中（大多数科学期刊需要遵守生物伦理准则）。该公司可以将汇总数据出售给第三方（如制药公司），因为这些第三方公司通常不需要在科学期刊上发表这些数据。

　　这家公司的条款规定并不是十分明确，所以我只能仔细查阅网站，来寻找有关这方面的详细说明。但是，大多数唾液受测者不会花时间详细阅读所有条款，也不清楚公司可以或不能用他们的样品做什么。

　　许多唾液受测者具有双重身份，他们既是付费客户，又是捐赠生物材料的志愿者。这种情况是前所未有的，从而引发了新的生物伦理问题。2010 年，当尼克·埃里克森和他领导的 23andMe 团队将研究结果提交给科学杂志《公共科学图书馆：遗传学》时，编辑们花了 6 个月的时间来确认这项研究是否符合该期刊要求的生物伦理准则。编辑和顾问们对于唾液受测者应被视为项目的志愿者还是客户进行了辩论。如果被视为志愿者，他们应该签署书面同意书，并且不应该支付检测费用。因为根据生物伦理准则和法律，研究志愿者在参与研究期间不应该被收取任何医疗或诊断程序的费用。

生物伦理准则旨在保护研究参与者的资料不被滥用，并确保数据资料的质量。但是，该准则在创建时，基因研究还只局限于实验室与医院。如今，面对以大众客户（同时也是志愿者）为主体的社交网络，该准则有些力不从心。

《公共科学图书馆：遗传学》最终批准了埃里克森文章的发表。编辑们解释说，他们的决定显然"不会让所有读者满意"，但他们也承认，世界在不断发展变化。简而言之，尽管"免费烤面包机"模式在遗传科学中是新兴事物，但非常有效。他们认为，未来不会出现生物伦理大决战，只是需要升级传统的程序，以适用于全新的 DNA 社交网络。《公共科学图书馆：遗传学》是一份在科学界很有影响力的重要期刊，其积极观点有助于推动这种新模式被学术界所接受。事实上，目前学术界似乎对这种模式相当满意。迄今为止，没有任何其他重要期刊对数据收集的方式提出异议。

如今，一些新兴基因组公司正尝试使用区块链技术来替代"免费烤面包机"模式。这种技术就是目前加密货币（如比特币）所使用的技术，可以实现数据交换，同时保持用户的匿名性。例如，哈佛医学院（Harvard Medical School）的遗传学家乔治·丘奇（George Church）与他人联合创立星云基因组公司（Nebula Genomics）。该公司承诺，未经客户同意，绝不会与第三方共享资料。通过区块链技术，唾液受测者可以与研究人员保持联系，同时还能确保匿名。公司只有经过他们许可才能披露遗传资料。

这个系统仅跟踪交换过程，不跟踪数据，而且为唾液受测者提供服务报酬。LunaDNA、Zenome、Longenesis 和 Nebula 等平台对于 DNA 社交网络持有不同理念。他们提供 DNA 检测和个性化报告，但允许唾液受测者保留其数据所有权，可以自由选择加入哪些项目，以及想联系哪些科研人员。

一些由公众赞助的学术项目也在基于非营利目的收集人们的 DNA 和性状资料。这些项目提供的报告往往比较简单，但它们完全免费，并且依据清晰透明的规则以及在公共或学术道德委员会的监督下，为唾液受测者提供参与研究的机会。

2013 年，英国政府启动了十万人基因组计划（100 000 Genomes Project），旨在解码不健康志愿者的完整 DNA，并将他们的遗传数据与国家卫生局（NHS）的电子信息进行整合。基本上，每个在 NHS 注册的参与者的诊断、处方和医学检测结果都与其 DNA 数据相关联，然后被存储到一个数据库，获得授权的研究人员可以自由访问该数据库。

此计划采用了"黑盒"方法，患者的识别数据被编码后，与 DNA 和医疗记录分开保存，研究人员只能发布汇总数据，而不能发布单个档案。2018 年，该项目已达到其名称所示的目标，即数据库中拥有十万人的数据资料，并开始向 100 万人的新目标努力。这将对医学研究产生巨大影响。

由哈佛医学院发起的个人基因组计划目前在英国、奥地利和中国设有分会，其目标与英国的十万人基因组计划相似，但对隐私的处理方式却截然不同。PGP 明确要求基因捐赠者在该计划的官方网站上公开他们的个人资料（我将在后文有关隐私的章节中再次探讨这两个案例）。

◎ 天生爱社交

尽管基因组社交网络非常重要，但在学术界仍有很多人持反对态度。对于大多数医生来说，消费者基因组学在过去和现在都通过 DNA 检测来预测疾病，早期的科学论文甚至将血统检测工具称为"休闲基因

组学"，因为它是穷人版的科学检测工具。2008年，在消费者基因组学刚刚问世之际，遗传学家詹姆斯·埃文斯在《医学遗传学》（*Genetics in Medicine*）期刊上撰文指出，"我们应该注意，不要把娱乐信息和有用的医疗信息混为一谈。医生和该技术的供应商应该去做更多有意义的事情，而不是从那些消息闭塞的消费者那里赚钱。我们必须努力让公众充分理解这些信息，并进行合理应用，从而获取真正的利益。"

这种居高临下的观点完全蔑视DNA社交网络，认为它毫无意义并且存在危险，这种观点显然有失公允。娱乐和社交元素并非个人基因组学产生的废品，而是一种"甜蜜诱惑"，能吸引数百万人共享他们的DNA数据，从而间接地为研究做出贡献。我们通过将自己的DNA进行消费者基因组学检测，探讨我们的血统、身份、历史、秉性、癖好和任何其他有关基因的话题。DNA社交网络可以为你提供最完美的社交内容。你只需在谷歌浏览器上搜索"我的DNA"或"DNA检测"，就能找到成千上万的视频，以及Facebook、Twitter上的热烈讨论。无论是公司职员还是学生，所有年龄段和不同社会背景的人都在谈论他们的基因。

血统是最受欢迎的检测项目，但你会发现千奇百怪的讨论主题：掌握一定医学知识的用户在谨慎讨论变异和风险百分比；有些人在查询自己病症的治疗方法，并分享他们的希望和恐惧心情；有的人妄想自己患上了遗传疾病（事实上毫无根据），从而让他人产生焦虑感；被收养者试图寻觅他们的生身父母。然而，通常情况下，唾液受测者只是想满足自己的好奇心，以及利用DNA检测结果作为交换故事和社交活动的素材。23andMe论坛甚至设置了一个名为"猜猜我的族裔"的自恋型板块。唾液受测者会在上面发布自拍照，并让其他人猜测自己的血统，最后再公布检测结果。

DNA已经渗入大众文化，创意人士也注意到了这一点。2016年，国际旅行社 Momondo 与 AncestryDNA 合作，通过赠送 DNA 检测套件组织销售活动。你可能已经看过他们的病毒视频①，来自不同国籍的人们参与基因检测，并在得知真实血统结果时情绪失控。该视频给反种族主义沉重的打击，并在互联网上引起了轰动，仅 Youtube 上的播放次数就超过 2 000 万。我们来看另一个案例。2017 年，芬兰针对外国游客推出了一项富有想象力的运动，称为"来自芬兰 DNA 的极致交响乐"。他们从芬兰各地收集 DNA，并要求大提琴金属乐队"启示录乐队"（Apocalyptica）根据基因字母序列组成乐谱，并得出有趣的结果。另外，基于 DNA 的广告不再是科幻小说的情节，我将在后文有关隐私的章节中对此进行阐述。通过这些应用，我们可以清楚地看到，该技术正在渗透到人类社会中，并改变着我们的日常生活。

---

① 在互联网上迅速传播的视频内容。这些视频可能涉及任何主题，例如搞笑、音乐、时事、政治、体育等。

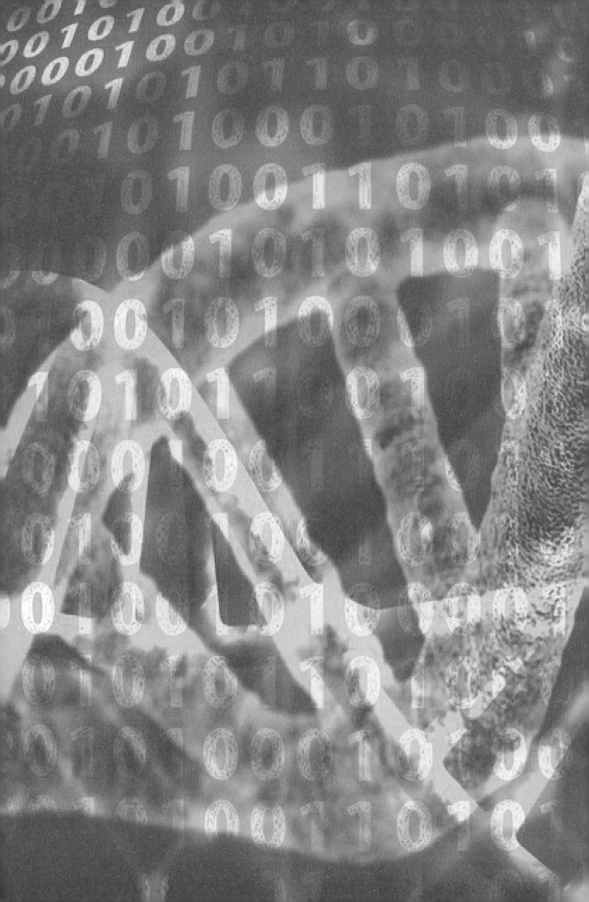

预见：健康和你的遗传未来

"我的反应很正常。我的多样性符合标准。"

——沃尔特·希蒂（Walter Siti），《太多的天堂》（*Troppi paradisi*），
2006

博士："拜托，马蒂，千万别告诉我真相，任何人都不应该过多了解自己
的命运。"

——《回到未来》，1985

第十四章
预测地震

　　莫妮卡（Monica）是一个开朗活泼、五官精致的漂亮女人，浑身散发着健康活力。每当看到她，你总会构想出这样一幅画面：在幽静的山间小路上，她正背着帆布包阔步前行，脸上洋溢着自信的微笑。有一天，她在米兰附近的自家公寓门前与邻居们闲聊。她们的谈话逐渐变得激烈起来，当然，也可能只是老朋友之间的激烈辩论。大家都没当回事。但是，莫妮卡看起来有点不对劲，她显得焦躁不安。突然，她捂住胸口，颓然倒地，失去知觉。她的朋友们被这一幕惊得目瞪口呆。

　　后来，经医生确诊，莫妮卡的心脏当时经历了心室纤颤。要想知道在这种情况下心脏发生了什么，你可以想象一下，你在跑步时小腿突然抽筋。发生心室纤颤时，心肌也经历了相同的情况。心脏不再以正常的节奏跳动，陷入持续的痉挛状态，无法泵血到动脉。心室纤颤是致命的，除非有外界因素中断它，例如，使用除颤器电击。如果一切顺利，心脏将恢复节律。但是莫妮卡当时倒地时，旁边没人有除颤器，邻居也不知道发生了什么。

　　他们只是看到莫妮卡脸色苍白，一动不动地躺在地上。他们面面相觑，十分绝望。但随后，他们见证了终生难忘的奇迹一幕。

　　西尔维亚·普利欧莉（Silvia Priori）是个身材苗条的女人，但是你总能从她那炯炯有神的蓝色眼睛中看到坚毅与果敢。她的演讲总是平静而有说服力，这对于必须与容易情绪激动的患者打交道的人来说，绝对是一大优势。普利欧莉在帕维亚大学（Universities of Pavia）和纽约大学教授心脏病学，多年来一直在研究猝死的遗传原因，试图理解为什么一些身体健康的年轻人会突发心脏病猝死。

普利欧莉非常了解莫妮卡和她的家族史。莫妮卡的姐姐 14 岁时在上学期间死于心脏病。然后，另一个妹妹 16 岁时也因心脏病离开人世。在妹妹去世后不久，莫妮卡向西尔维亚·普里奥里寻求帮助。她觉得自己的家人是被冷漠而致命的死神所诅咒，并且怀疑自己可能就是下一个受害者。

凭借他们开发的 DNA 检测，普利欧莉的团队可以诊断这个拗口且令人不安的病症：儿茶酚胺能多形性室性心动过速（catecholaminergic polymorphic ventricular tachycardia，简称 CPVT），这是该团队正在研究的一种罕见的遗传性疾病。患者生活在深渊的边缘，强烈的情绪波动或用力过度都会触发心室纤颤，而这往往是致命的。CPVT 不易察觉，没有明显症状，无法通过常规检查（例如心电图）来发现。除非医生进行专门检查，否则这种隐藏在你的 DNA 中致命危险就像是一个隐藏在黑暗角落里的杀手，随时可能给你致命一击。

通过检测莫妮卡的 DNA，研究人员得出结论，她的家族成员都具有一种基因突变，直接导致她的家族成员容易患上严重的 CPVT。根据基因检测和她的家族病史，她患上 CPVT 的风险高达 70%。这个基因检测结论无异于向她告知，她可能是下一个受害者。诊断后，莫妮卡回到家中，意识到自己处于险境。

仅仅几个月后，她就倒在了地上，周围是惊恐的邻居们。

时间悄然流逝，空气也仿佛凝固一般。莫妮卡的身体一动不动，同时没有了脉搏。突然，她身体抽搐了一下，紧接着又抽搐了一下。

可以想象，如果莫妮卡现在躺在急诊室里，医生们就会马上对她进行心肺复苏。但此时此刻，她的身边没有任何医疗设备，只有惊慌失措的邻居。但是，在她的胸腔里，一个小小的微型电子救生装置正在悄悄工作，产生心脏跳动所需的冲击力。当莫妮卡通过 DNA 检测发现自己易患 CPVT 后，就在胸腔内植入了微型自动除颤器，准备在出现心律失常（高危患者的常见症状）的迹象时随时启动。事实上，它的确起到了作用。莫妮卡的脸上逐渐恢复了血色，脉搏也恢复了正常。她苏醒了过来，有些惊魂未定。邻居们纷纷露出惊讶和困惑的表情。

莫妮卡成功逃脱了死神的魔掌。几年后，我认识了她。她戴着一个硕大的心形吊坠，看上去像是一个护身符。当时，我是一档电视节目的撰稿人，而莫妮卡恰好受邀来讲述她的濒死经历。在莫妮卡接受采访时，西尔维亚·普利欧莉就坐在她身旁。在广告休息时段，普利欧莉询问莫妮卡的身体状况。她后来向我坦言，两人见面时，莫妮卡情绪非常激动，她真害怕莫妮卡的心脏病发作，但一切都很顺利。那天晚上，全国观众都听到了莫妮卡因为及时接受基因诊断而避免悲剧的故事。毫无疑问，这不是一次愉快的经历。莫妮卡仍然记得电击带来的灼痛，她跟我描述了那种感觉，就像是"被人一脚踢在了胸口上"。这和许多除颤患者描述的疼痛完全一样。从那时起，通过定期服药控制，她得以正常生活和抚养孩子。对莫妮卡来说，DNA 检测帮助她摆脱了死亡威胁，战胜了几乎摧毁她整个家族的残酷遗传命运。这一点救护车和标准除颤器也不能做到。

世界上有很多人都和莫妮卡一样因预测性 DNA 检测而受益。通过 DNA 检测，他们提早发现衰竭性或致命性疾病并进行医治。这些故事都展现了科学奇迹，但它们并不常见。1954 年，当詹姆斯·沃森和弗朗西斯·克里克宣布他们发现了 DNA 的结构时，遗传学家就已经把发现致命疾病风险并及时防治视为他们的努力目标。然而，时至今日，预测性 DNA 检测仍然只针对少数具有明确遗传起源的疾病。该检测的目标受众是像莫妮卡这样的具有罕见突变的患者，他们的家族往往遭遇过重大变故，父母或兄弟姐妹曾因遗传性疾病而离开人世。

如今，情况已经发生变化。随着对人类基因组的更多了解，我们提升了期望值，例外情况也成了常规标准。新一代技术让每个人，甚至是完全健康的人，都可以在足不出户的情况下检测他们的 DNA。

消费者基因组学的承诺目标（或至少其中部分内容）是让每个人都能受益于预测科学的神奇功能，包括那些没有家族病史的人，并且能及时发现常见疾病（如糖尿病、癌症、中风和痴呆症）的风险。

神探夏洛克对决绝命毒师

你可以把疾病想象成犯罪现场。受害者：一名患有肌营养不良症的婴儿、一名男性肿瘤患者、一名女性阿尔茨海默病患者，以及十亿糖尿病患者。嫌疑人：一种罕见的 DNA 突变；数百种常见的基因变异；非遗传因素，例如饮食、吸烟、高血压、胆固醇水平、生活方式、婴儿期感染但后来被遗忘的病毒、免疫系统、日晒、饮酒、药物。哪一个才是罪魁祸首呢？我们应该寻找单个凶犯还是一群凶犯呢？破解案件绝非易事。如果谈及疾病，相比于因遗传和非遗传因素相互作用而引发的多因素疾病，那些因单个缺陷基因引发的单基因疾病更容易找到病因。

单基因疾病就像老套的惊悚片：无论情节多么错综复杂，我们总能在最后找出来坏人（有害基因突变）。如果可以对单基因疾病进行 DNA 检测，遗传学家可以通过追踪一个简单的系谱图，来判断一个人是否会受到感染或是否是健康携带者，并计算将这种疾病传给其后代的确切风

险。如果单基因疾病是传统惊悚片，那么多因素疾病就是犯罪剧集，情节更加复杂精妙，其中遗传和非遗传因素联合构建的犯罪网络形成了疾病。想象一下，将《绝命毒师》（*Breaking Bad*）、《毒枭》（*Narcos*）和《火线》（*The Wire*）的情节结合起来将是多么复杂，而多因素疾病比这还要复杂得多。

就像黑社会家族一样，这些遗传和环境因素并不是单独行动的，它们相互协作、并肩战斗，产生叠加和（或）补偿效应，而且它们的个体力量会随着时间推移而发生变化。对于多因素疾病，不可能通过观察单个基因或一群基因来预测甚至理解该过程。考虑到当前的技术条件，我们能做的就是努力识别更多的风险因素，并确定每种因素的责任比例，就像陪审团给大型犯罪集团中的小混混定罪一样。算法可以通过将所有已知风险因素相加并使用统计方法来评估总体风险。因此，针对多因素疾病的 DNA 预测性检测的结果并不是确定性结论，通常只是基于不完整计算而得出的风险百分比。

单基因疾病：罕见但简单

囊性纤维化、杜氏肌营养不良症、先天性红绿色盲症、血友病、镰状细胞性贫血和地中海贫血都是众所周知的单基因疾病。单基因疾病总共有 6 000 多种，每种疾病均由独有的基因突变引起。这些疾病通常比较罕见（其中有些疾病非常罕见，全世界仅有几十人患病），而且按照可预测的模式进行遗传。我们前述故事的主人公莫妮卡就患有单基因疾病。当医生发现她的基因突变时，就断定她有突发室颤的重大风险，于是在她的胸腔内安装设备来避免其猝死。

消费者检测套件通常会在"携带者状态"一栏中公布一些单基因疾病的结果。顾名思义，其目的不是为了诊断现有的遗传疾病（这些疾病最好是在医疗专科中心诊治），而是要判断准父母们是不是隐形单基因疾病的健康携带者。如果父母双方都是携带者，那么他们就很有可能生育出患病孩子。这些报告没有过多修饰润色，而是直接告诉你是不是携带者。但是，还有非常重要的一点，那就是这些检测很难涵盖导致疾病的所有已知突变。如果你是高风险族群的成员，或者家族有遗传病史，那么就必须去求助遗传学家，他们会为你开具更有针对性的 DNA 分析处方。

由于单基因疾病比较罕见，所以在一般情况下两个携带者很难相遇。但是，某些基因突变在一些特定族群中很常见，从而为准父母带来更大的患病风险。例如，镰刀型细胞贫血病和地中海贫血是血红细胞的两种遗传性疾病，在某些地中海地区以及亚洲其他部分地区很常见。多年来，意大利医疗当局为来自西西里岛和撒丁岛（Sardinia）的夫妇免费提供携带者身份筛查，因为这两个岛屿上的地中海贫血患病率较高。阿什肯纳兹（Ashkenazi）犹太人族群患上超罕见单基因疾病的概率很高，例如泰伊－萨克斯二氏病（Tay-Sachs，又称家族黑蒙性痴呆症）、尼曼匹克症（Niemann-Pick）或高雪氏症（Gaucher's disease）等。当局鼓励这些族群的年轻人进行婚前携带者检测。据相关报道，有些情侣在得知双方基因检测结果均为阳性后就分手了。尽管这种解决方案会破坏浪漫，但对于那些容易患上致命基因疾病的族群来说，这是必要的举措。（在阿什肯纳兹犹太人族群中，每 25 人中就有 1 人是泰伊－萨克斯二氏病的缺陷基因携带者，这是一种对新生儿的毁灭性疾病，目前尚无治愈方法。）

现在，一种叫做"胚胎植入前遗传学诊断（PGD）"的技术正在改变许多具有遗传疾病风险的年轻夫妇的生活，避免了很多不必要的分手或堕胎。在 PGD 中，夫妻的卵子和精子在体外受精形成胚胎，然后对这些胚胎进行 DNA 检测，最终筛选出没有基因突变的胚胎。

多因素疾病：常见但复杂

很多常见疾病，包括癌症、糖尿病、心血管疾病和痴呆症等都是多因素疾病。这些疾病的病理非常复杂，而且很难预测。

以 2 型糖尿病为例，这种疾病影响范围很广，在全球大约有 1/10 的成年人罹患此病。遗传因素仅占糖尿病患病风险的 20%，其中有数十种，甚至数百种基因变异对患病起着微小的作用。剩下 80% 的患病风险取决于非遗传因素：食物、运动、压力、吸烟、酒精、药物以及许多我们想象不到的因素。当我紧张焦虑地打开报告，看到里面对十几种常见和可怕的疾病（包括糖尿病、中风、心脏病和几种不同类型的肿瘤）的遗传易感性时，我深刻体会到了这类疾病的复杂性。报告里的每项结果都是根据我的 DNA 检测计算出的风险百分比，并与我同龄和同种族人群的已知风险进行比较。报告形式看似简单，但在检测数据的背后，就像核工厂的控制面板：数百盏红灯和绿灯在不停闪烁，几乎无法解码闪烁规则。每项风险百分比都是根据在不同时间和地点进行的数十项研究以及与不同变异相关的风险进行比对后而计算得出，这些研究往往会产生矛盾的结论。

语言学家史蒂文·平克（Steven Pinker）是最早参与基因测序的志愿者之一。当他看到自己的检测报告时，对报告进行了生动的描述："通过基因组数据来评估风险与那些只看亮蓝线就能确定结果的验孕套件完全不同。这更像是你需要参考大量而杂乱的研究文献去写一篇学术论文。这些研究采用的样本数量不同，涉及不同年龄、性别、族裔的人群，选择标准和统计显著性水平也不同，而且结论还可能自相矛盾。面对这些文献，你肯定会崩溃。23andMe 公司的遗传学家会对这些文献进行筛选，判断出哪些关联因素最可靠。但这些判断意见必然带有主观性，很快就会过时。"平克所说的"过时"是指风险评估是不断更新的，随着新研究结果的发表和新变异的发现，研究结论也将随之更新。例如，在我最初参与唾液检测时，由于有新的研究结论被应用于风险评估中，我患前列腺癌的风险在一周内从"略有增加"降到了"低于平均水平"。

　　面对这些不确定的预测，大多数人会觉得自己就像是加州州长或日本知事，明知地震随时可能发生，但无法确定地震的确切时间、地点和威力。忽视真正危险的后果不堪设想，但你不可能每次一有风吹草动就把城市清空，那样会毁掉民众的生活和经济，你也会因此而失业。从这个意义上讲，预测地震和预测疾病易感性有相似之处：你必须衡量可接受的风险，确定采取行动的阈值，而你的面前摆放着一堆杂乱的报告，里面罗列着在不同地点采用不同方法测量的风险概率。要想避免灾难，无论它们来自地球内部还是基因，我们都将面临重重困难。

第十五章
自我赋能的错觉

查克·华莱士（Chuck Wallace）是一位来自得克萨斯州的 55 岁粗犷男人，当提及挽救他生命的 DNA 检测时，他的泪水夺眶而出。他的故事出现在 DeCODEMe 的一段视频中。DeCODEMe 是一家基因组公司，现在已经倒闭了。当时，身体看似完全健康的查克听从医生的建议，将他的唾液样本送到 DeCODEMe 公司进行 DNA 检测。检测结论显示，他的前列腺癌遗传风险高于平均水平。因此，查克又进行了身体检查，发现了一个小的局部肿块。这就是查克哭泣的原因。他谈到切除前列腺的决定时说，"手术可能带来尿失禁和阳痿的风险，这是一个艰难的选择"。但是查克和他的医生（也在视频中）相信这是正确的做法，并且感谢 DNA 检测能提早发现肿瘤。

当然，实际情况是，当我们预测自身健康时，事情根本没这么简单，甚至检测结论还可能会对你产生不良影响。

线粒体基因组的危险

在 DNA 检测市场中，面对高风险和高期望值，自我赋能势在必行。

"智取你的基因!""提升自我!""掌控全局!""经营未来!""发现自己!",在唾液基因检测网站上,能看到各种各样似乎是从励志海报上摘录的口号,将 DNA 描绘成一种强大的决策工具。这些公司会告诉你,你掌握的知识越多越好,因为知识就是力量。人们很容易将查克的故事与莫妮卡的故事联系起来(DNA 检测帮助莫妮卡避免猝死)。此外,好莱坞影星安吉丽娜·朱莉(Angelina Jolie)在 DNA 检测后,得知自己患癌风险很高(超过 80%)后,公开表示决定切除自己的乳房和卵巢。

所有这些人的勇气和痛苦都值得我们理解和支持。但是,通过科学演算,他们的故事本质显然不同。莫妮卡和安吉丽娜·朱莉面临着严重且可能致命的危险,而查克即使没有切除前列腺,也可能不会患病。

安吉丽娜·朱莉和莫妮卡携带罕见的单基因 DNA 突变,具有明显和较高的遗传风险。她们的家族史充满悲剧色彩。具有相同遗传缺陷的兄弟姐妹和亲戚们过早离世,这是受此类疾病影响的家族的常见情况。多年来,她们一直生活在悲痛和焦虑中,担心自己会成为下一个受害者,直到她们决定在遗传专家的帮助下接受 DNA 检测。专家们提供了可靠的风险评估,让她们充分考虑后再采取根治性治疗方案。相比之下,查克·华莱士的家族史很正常,他进行唾液检测后,发现他与数百万其他健康男性都拥有一种相同变异,使患癌风险略微增高。

至于查克通过检查发现的局部肿块,根据 2012 年的一项大型研究,绝大多数(超过 97%)像查克一样被手术切除早期前列腺肿瘤的患者,即使不切除肿瘤,也绝不会发展为侵袭性癌症。事实上,许多中年男性都有前列腺早期肿瘤,但是他们并不知道,而且也永远不会有问题,因为只有很小的一部分前列腺肿瘤是恶性的,会扩散到腺体之外。遗憾的是,目前还没有办法预测前列腺中的局部肿瘤是否会转变为恶性肿瘤,因此我们无法确定查克是否属于其他占比 3% 的需要做手术才能挽救生命的患者群体。基因检测预警其实并没有挽救他的生命,却破坏了他的正常生活，让他终日忧心忡忡，迫使他接受一些不必要的医疗检查与手术。

鉴于查克的戏剧性故事和他承受的痛苦，这种观点似乎有些不近人情，但其实不然。要衡量检测的功效性，我们不能只关注某些故事。我们必须根据统计数据进行推断，在所有因预测性检测而生存下来的患者中，有多少人接受了不必要的治疗？预防固然很重要，但是，如果我们真的关心患者，那就应该采取必要措施去减少"假阳性"误报的数量。误报会导致患者服用不必要的药物，接受侵入性检查或危险手术。产生过多的假阳性被称为过度诊断，对于提供概率性结论的预测性检测（如针对多因素疾病的检测）来说，这是一种常见的危险。如果滥用这些检测，我们就会变成"非患者"，即在焦虑和疑病症中煎熬的健康人，想尽办法寻求他人关注和接受医疗救治，而实际上没有必要。

在科幻电影《少数派报告》（*Minority Report*）中，警察利用被称为"先知"（procogs）的人来预知谋杀，并在谋杀开始前逮捕嫌疑罪犯。虽然"先知"能够看到未来犯罪的场景，但这些凶案现场让他们生活在恐惧之中。对他们来说，无论警察是否采取行动，暴行都在不断发生。如果我们能看到遗传未来，那我们就会像"先知"一样生活在恐惧中，无论这些事情将来是否会发生。

失控的市场

尽管存在这些缺点，但曾经有一段时间，消费者基因组学网站上发布了很多像查克这样因 DNA 检测而"获救"的人们拍摄的宣传视频。他们讲述了自己参与唾液基因检测，通过检测结果预知了重大疾病风险，从而让他们避免罹患癌症、糖尿病、中风、乳糜泻或其他衰竭性疾病。2013 年，负责监督药物和诊断的美国联邦机构——美国食品和药物管理局（Food and Drug Administration，FDA）下令禁止消费者基因组学公司出售医疗保健品。这些宣传视频几乎在一夜之间就消失得无影无踪。在科学学会和政府报告的支持下，FDA 专家认为，这些检测的主要问题不是 DNA 检测结果的质量（如果依据信誉良好的公司的技术标准来检测，结果是可以接受的），而是对结果的解释。特别是，大多数结果对于多因素疾病风险的评估过于模糊和易变，无法让消费者或医生参考。

在禁令颁发之前，FDA 已经和 23andMe 之间进行了长期的无声斗争。后者已经收到 FDA 的 11 封信，要求他们停止销售一种能检测约两百种疾病风险的检测套件，该套件可以检测包括中风、糖尿病、癌症、阿尔茨海默病、帕金森病和十几种罕见遗传病。但是 23andMe 没有理会 FDA 的要求。FDA 是美国审批诊断检测的唯一权力机构，任何一家正规的医疗保健公司都不会无视监管机构的任何一封信（更不用说是 11 封信了）。但是 23andMe 声称自己是 DNA 自我发现公司，不提供诊断服务，因此不在 FDA 管辖范围之内。2013 年 11 月的一天，FDA 发布禁令，要求 23andMe 立即停止销售这些检测套件。

23andMe 别无选择，只能遵从指示，他们吸取了这一教训。这家公司是典型的硅谷初创企业，有着"快速前进、勇于突破"的思维模式，与谷歌公司合作密切，但对医疗保健行业及其规则知之甚少。自此，23andMe 进行了一场彻底的变革，一方面打造娱乐感十足的 DNA 社交网络，另一方面利用唾液检测数据来研发药物。该公司聘请了制药行业的高级管理人员，并将其检测结果提交给 FDA 进行审查。其中一些检测已通过审批并添加到他们的消费者检测套件中，尤其是针对单基因疾病的检测（检测结论争议性较少）。

通过规范这些检测，FDA 很好地完成了消费者保护与家长式领导的角色之间的平衡。毕竟每个人都有权了解自己的基因。过度诊断的危险性提醒我们，当知识威胁到我们的健康时，它就不再是力量的源泉。整个 DNA 消费者业务都传达了这样的信息：过分积极推动预测性检测可能适得其反。但这项禁令仅限于美国管理当局监督下的公司，许多其他公司仍继续在（将医疗诊断和自我发现分离的）灰色地带中运营。有些公司（比如 e LiveWello.com 或 Promethease）甚至不进行检测，因此几乎无法监管。他们只提供一项服务，就是让客户上传他们的原始DNA 文件，然后收取费用来执行数据分析。法律始终在努力追赶发展迅速的技术，而完全禁止该技术就像将婴儿与洗澡水一起泼出去一样。只有更好地了解这些技术，才能避免滥用和错误期望。

平庸的冠军

我看到自己的各种常见疾病的遗传风险都接近平均水平时，心情非常愉悦。我卸下了沉重的思想包袱，甚至幻想将来自己能拥有一种"防弹"的 DNA，不会受到那些容易导致癌症、乳糜泻、糖尿病和其他疾病的变异的侵扰。当然，我知道现实情况远非如此。

我的 DNA 没有防弹功能，可以用"平庸"（mediocre）这个词来形容。我可以将我的个人资料与几乎每个同年龄段男性的个人资料进行互换，对我们未来的预测结果都将是完全相同的。在某种程度上，这是因为遗传学的发展仍处于萌芽阶段。DNA 技术就像是一个还没掌握每个单词的含义就开始学习阅读的幼儿。我们可以在几分钟内解码整个基因组，但却很难将这些字母与性状、特征和秉性相关联。然而，大多数人在他们的基因报告中不会看到任何明显的危险信号，因为只有少数人才拥有能显著增加多因素疾病易感性的变异组合。只有 2% 的人群的糖尿病遗传风险是平均水平的两倍，而容易突发心脏病的人群比例更少。已知某些变异会将结直肠癌、乳腺癌、帕金森病和阿尔茨海默病的患病概率提升到 70%，但这些变异非常罕见。从进化论的角度来看，我们就很容易理解。如果大多数人对严重疾病有强烈的易感性，那他们早已生病或死亡了。这种基因罕见性表明，绝大多数唾液检测者会发现他们的患病风险接近平均水平。只有少数人会看到明显的危险迹象，在这种情况下，他们应该咨询临床遗传学家。

在进行预测性检测时，我们还必须考虑非遗传风险因素，例如年龄、体重、血压和胆固醇水平等，重要性丝毫不低于遗传因素。例如，正如我所料，DNA 报告为我提供的可行性建议与我的祖母的劝告惊人相似：不要吸烟、不要酗酒、多做运动、注意饮食、注意胆固醇水平和体重等。这些建议肯定没错。在这个世界上，大多数人的 DNA 都有相似的易感性，所以生活方式就成为重要的影响因素。问题在于，我们是否真的需要先进的基因检测来告诉我们已知的事实。正如一位朋友曾经跟我说的那样："我的妻子每天都在提醒我减肥，那我是否还有必要花钱去做检测，然后让它告诉我，我太胖了，应该多参加锻炼？"

◎ 正确的检测

预测性检测如何能真正发挥作用？根据专家的说法和常识性知识，有效的检测必须满足以下两个简单的条件：

应该对风险进行明确和可靠的评估；

应该提供预防疾病的可行性措施。如果没有服药、改变生活方式、调节饮食、进行手术或任何其他帮助预防疾病的干预措施，那么风险评估对于医疗就毫无用处。

很遗憾，现实的预测性 DNA 检测很少能满足这些条件。筛查易感人群可能有助于预防糖尿病、心血管疾病和前列腺肿瘤等疾病，但因风险评估过于模糊而无法应用。另外，如果你遭遇了某种根本无法治疗或预防的严重疾病，即使你接受最精确的医学检测也毫无意义。阿尔茨海默病和帕金森病是目前医学界无法预防的两种疾病，对这两种疾病的基因检测就是徒劳无益。了解这些疾病风险，就像是你被关在监狱里时，却听说马上要发生地震。有些人更愿意生活在不确定性中，有一些人认为这些信息有用。在 2014 年上映的电影《依然爱丽丝》(*Still Alice*) 就完美地呈现了这种棘手的困境。在电影中，朱丽安·摩尔 (Julianne Moore) 饰演一位被诊断患有早发性阿尔茨海默病的女人，她的大女儿安娜 (Anna) 和儿子汤姆 (Tom) 接受了预测性基因检测，而小女儿莉迪亚 (Lydia) 决定不接受检测。

作为一名唾液受测者，我也需要做出类似的决定。我的消费者套件中包括对阿尔茨海默病的预测性检测，该检测基于几种已知的能显著增加患病风险的变异。由于我们无法采取任何措施来预防这种可怕的疾病，因此需要客户点击确认免责声明来解锁检测结果，从而证明这是客户的个人选择。我选择放弃知晓检测结果，但其他人会有无数种理由想要知晓检测结果。例如，如果结果不好，他们会与儿孙们商量，做好后事安排。当然，如果世界上有某种药物或治疗方法能预防阿尔茨海默病，情况就会改变。如果真有有效的治疗方法，我肯定会立即解锁结果，看看我是否有患病风险。

⬡ 令人生畏的决定

　　亨廷顿病（huntington's disease）是一种极为特殊和令人痛苦的疾病，疾病的遗传风险非常明显，但目前仍没有解决方案。前战地记者查尔斯·萨宾（Charles Sabine）描述了他基因中潜藏的这种怪病。他说："你能想象阿尔茨海默病、帕金森病、精神分裂症和癌症结合在一起是什么样子吗？"萨宾在他的父亲和哥哥相继成为亨廷顿病的受害者后做了基因检测，检测结果呈阳性。具有这种基因突变（位于 4 号染色体上）的人肯定会在 60 岁之前罹患罕见的、进行性的和迄今为止无法治愈的神经退行性疾病。萨宾说："最可悲的是，孩子们从父母身上看到了自己的未来。"如今，他已成为亨廷顿病研究的倡导者。

　　对于罹患亨廷顿病的家庭来说，DNA 检测给他们带来了可怕的心理负担。患者的孩子有 50% 的机会遗传突变（该疾病是显性基因，没有健康携带者）。他们可以选择接受检测，了解自己的命运；或者选择不接受检测，在惶恐中等待头顶的达摩克利斯之剑随时落下。萨宾解释自己为何选择检测："我曾在车臣中弹，在伊拉克险些被炸死，还在波斯尼亚被扣为人质，但这些经历都没有让我恐惧和退缩。"考虑到情绪影响，国际准则要求，患者在决定是否参加亨廷顿病的 DNA 检测之前，应先咨询心理医生。对于无法治愈的退化性疾病，不知情权与风险知情权同等重要。对亨廷顿病进行在线检测荒唐至极，因此目前没有一家消费者公司提供此类服务。

　　随着更多的可引发顽疾的全新危险变异被发现，更多的预测性检测将被舍弃。许多检测都涉及精神病，其中遗传因素占主导作用。例如，对双胞胎的研究表明，精神分裂症和双相情感障碍症的遗传因素占 70%~80%。如果 DNA 图谱能提供这些疾病的风险比例，但又没有办

法进行预防，你还想知道结果吗？这不只关乎你的名誉。想想人们对于精神病是如何无情地鄙视与嘲讽的。你可以想象一下，如果你的家人、朋友和同事得知你有可能罹患痴呆症、躁狂抑郁综合征、精神分裂症或社交焦虑症，会发生什么事情。想想你的爱人、老板、刚刚约好共进晚餐的人、办理贷款业务的银行职员，他们还会像以前一样对待你吗？

第十六章
药物 2.0 时代

　　我的姑妈维尔玛（Vilma）活到九十多岁，比所有给她看过病的医生都更长寿。我的很长一段童年时光都是和她一起度过的。我记得她的药柜中只有两种药物——schoum 口服液（这是一种含酒精成分的绿色薄荷味草药口服液，她用来治疗和预防任何体内的不适症状）和法国药膏（french ointment，是一种黏稠的带有浓郁香味的奶油，她用来治疗任何"体外"的不适症状。我不知道这种药膏的具体名字，只知道是法国制造的，对于我姑妈来说，这就是质量保证）。当哥哥和我胃痛时，根据维尔玛姑妈的"二元"体系，这属于"体内"不适症状，因此需要喝一杯 schoum 口服液。当膝盖擦伤或被蜜蜂蜇到时，她认为属于"体外"不适症状，不用考虑，用法国药膏就对了。维尔玛姑妈患有花粉病，理应服用一种处方药，但她拒绝服用，因为她说这会让她头晕。

　　我亲爱的姑妈非常排斥药物，但是最新的科学理论证明她的做法有一定道理。并非每个人对药物的反应都相同，这种差异很大程度上取决于我们的基因组成。可能某种止痛药对你来说非常管用，可以很好地解决头痛，但你的朋友吃了却无济于事。此外，可能会有某种药物，大家吃了都没事，唯独你吃了以后产生了副作用。医学的研究结果表明，一般而言，畅销药物仅能在大约一半的患者中产生预期效果。用于治疗高血压的 ACE 抑制剂和 β 受体阻滞剂的无效率为 10% 至 30%，而用于治疗高胆固醇血症和哮喘的他汀类药物和 $β_2$ 受体激动剂的无效率为 70%。1998 年发表的一篇研究文章指出，仅在美国，药物不良反应每年就导致至少十万人死亡，是美国的第六大死因。最近的数据虽然没那么糟糕，但仍然令人焦虑。在欧洲，因药物不良反应而住院的患者高达 10%。

因此，制药公司和政府会投资数十亿美元，根据个体患者基因组成来研发个性化治疗方法。药物基因组学（pharmacogenomics）粉墨登场，这是一门将遗传研究与药理学相结合的科学，旨在针对不同患者对症下药，从而避免药物不良反应。

◎ 实用部分

监测你的基因对布洛芬（ibuprofen）或鲁索替尼（ruxolitinib）的可能反应，这看起来并不像寻觅你的血统、了解你的孩子的音乐素养或其他你可以利用唾液检测结果所做的事情那样有趣。事实上，这些检测是个人基因组学中最有前景的实际应用，正在改变医学和制药业。我的 DNA 档案中有一个药物基因组学说明，列出了大约 40 种市售药物以及服药后的可能反应。23 and Me 公司间断性地提供了这些结果。但是，你可以在市场上找到一些专业公司，例如美国的 Admera Health 公司，该公司可以检测你的 DNA 对三百多种不同的药物的反应。

药物基因组学报告包括两种类型的实用信息。一种是你对药物产生不良反应的可能性。在这种情况下，医生可能会选择其他药物（如果有的话）。另一种则与剂量有关。某些遗传变异决定了药物进入体内后的转化速度，从而影响活性成分的数量。例如，氯吡格雷（clopidogrel）[商用名为"波立维"（plavix）]，这是一种被数百万心脏病和中风患者使用的抗血小板药物，必须经肝酶转化后才具有活性。2% 的白人患者、4% 的黑人患者和高达 14% 的亚裔患者的肝酶转化速度较慢，因此产生的生物活性成分低于平均水平。这些人需要更高剂量的氯吡格雷才能达到相同的效果。

一种称为细胞色素 P2（cytochromes P2，CYP2）的肝酶家族是药物基因组学中的重要物质，几乎可以代谢血液中流动的所有分子。CYP2 酶的快慢形式决定了数百种药物在生物体内被激活或分解的速度。迄今为止，在所有药物基因组学检测中，有四分之三都在检测影响这些基因的变异。氯吡格雷的检测是针对 CYP2C19 基因的变异，该基因也是 CYP2 家族的一员。

尽管大多数唾液受测者购买检测套件并不是为了了解无聊的基因药理学信息，但这些检测可能是基因组学报告中最实用的部分，并且比预测常见疾病易感性更可靠。药物的作用机制比复杂的多因素疾病更容易理解，而且药物基因组学的结果可以提供简单可行的建议，例如改变治疗或调整剂量。FDA、欧洲药品管理局（European Medicines Agency）和其他全球监管机构已经在超过 450 种处方药的标签上标注了药物基因组学信息，其中包括一些畅销药，如氯吡格雷、华法林（warfarin）和安定（diazepam）。

目前，这些标注信息仅供医生参考，其临床实用性尚未得到充分证明。现在，这些信息越来越多地被应用到临床实践中。事实上，药物基因组学已经改变了制药行业的现状。

再见，畅销药

维尔玛姑妈对药物一直抱有成见，她认为将来肯定会有个性定制药物问世。她所认定的只包含两种治疗方式的"二元"体系也许是极端的，但一个多世纪以来，制药行业确实以一些畅销药为基础，认真研究了类似维尔玛姑妈的商业模式。市场仍然由这些药物主导：抗高血压药、降胆固醇药、抗糖尿病药、抗哮喘药以及血液稀释剂，例如华法林［商用名：香豆素（coumadin）］。基因组革命正在像海啸一般消灭这种畅销药模式，为基于患者遗传特征的半个性化疗法铺平了道路。整个药物行业正在向精确医学和定制治疗方向转型，而遗传社交网络是实现这一恢宏变革的有力工具。

畅销药模式的生命已经进入倒计时，那么下一项专利何时到期呢？从 2010 开始，制药行业见证了历史上最大的专利终结浪潮，至少有 50 种最畅销的药物专利进入了利润较低的仿制药市场。这种"专利悬崖"（patent cliff）造成药品寿命周期内的销售额损失超过 9 150 亿美元。但这还不算什么，还有一个更具挑战的问题：研发新药物的难度越来越大，成本也越来越高。在美国和欧洲，每年一般仅批准 15~20 种新药上市，单一产品的研发成本高达 20 亿美元。

专家们将这种药物研发缺口与石油行业进行了类比。经过几十年的药物研究，我们已经运用了所有可能的生物解决方案。现在，更简单和更便宜的"知识油井"已经枯竭，迫使该行业使用更复杂和更昂贵的技术来深入研究疾病机制。

人们的期望标准也在不断提高。人们希望更长寿，接受更新更有效的治疗，这些需求让业界面临前所未有的挑战。全社会都在急切寻找治疗复杂的多因素疾病（如癌症或阿尔茨海默病）的方法，这需要更深入的研究和昂贵的临床试验。无论出于何种原因，开发新疗法的成本越来越高，药物的投资回报水平不断下降，许多专家都认为从长远角度看已无法实现可持续发展。大型制药公司的传统商业模式将被打破，需要范式转变。

在这种情况下，药物基因组学为制药行业提供了一线生机。在DNA 显微镜下，患者不再是数百万人混杂在一起并采用相同方式治疗的群体，而是具有不同药物反应的较小群体的集合。使用药物基因组学方法，你可以设计和检测适用于特定 DNA 变异的新药，从而减少参与临床试验的患者数量，更容易获得成功，研发成本也更低。

抗肿瘤药物赫赛汀〔herceptin，通用名为"曲妥珠单抗（trastuzumab）"〕就体现了这种新方法的优势。当这种药物首次在患有乳腺肿瘤的女性身上试用时，结果并不理想。但研究人员发现，该药物对某些具有肿瘤 DNA 特定突变的患者具有良好疗效。随后，临床试验仅针对带有"反应者"突变 [1] 的患者，最终证实了赫赛汀对该患者群体的疗效。如果没有药物基因组学方法，这个药物的疗效将被忽视，而其首次试验又将成为一次昂贵的失败尝试。

如果说药物基因组学是拯救制药业的白衣骑士，那么 DNA 社交网络就是骑士最渴望拥有的宝马良驹。这些虚拟平台存储和比较唾液受测者的基因，患者症状和药物反应是宝贵的数据资源，这也是制药公司斥巨资从消费者基因组公司和健康网络社区（Patientslikeme.com 或WebMD.com）购买信息的原因之一。我们可以设想一下，一家制药实验室正在开发一种治疗牛皮癣（psoriasis）或帕金森病的药物，他们可以选择去医院和诊所来寻找患有这种疾病并且想要检测 DNA 变异的患

---

① 反应者突变通常指一种基因突变，使个体对某种治疗方法的反应与普通人群不同，即"反应者"。这种基因突变可以影响个体的代谢途径、药物转运、药物靶标等多种因素，从而影响其对治疗方法的反应。——译者注

者，这样既复杂又昂贵；他们还可以选择另一种方案，那就是在 DNA 社交网络直接找到合适的人选，并邀请他们参与研究。对于公司来说，第二种方案的成本非常低廉，即使必须向 DNA 平台支付费用。从他们的角度来说，患者可以在安全规范的环境中轻松接受临床试验（需要指出，临床研究的程序受到严格的监管以确保安全，无论患者来自哪里，都一视同仁）。

🧬 遗传药剂师

传统的畅销药模式不会在一夜之间消失，但是药物基因组学已经改变了制药行业设计、构思、检测和销售新产品的方式。

我们可以带着自己的 DNA 文件进入药房或医生办公室，获得适合我们基因组成的处方。我们将很快实现这一梦想。事实上，大多数医疗系统已经建立了可提供 DNA 定制处方的基础设施，并未遇到太多的技术障碍。在我的家乡，我的病历已经存储在公共卫生系统的网络中，我的医生可以随时从她的电脑上查看我的病历。此外，他还可以将体积较大的 DNA 文件上传到我的档案中，甚至我的社保卡上还会安装一个芯片，里面有足够的存储空间来存储我的 DNA 文件。

所有准备工作基本就绪，接下来我们只需要实现其价值，而这一天很快就会到来。2015 年，近乎一半的药物和四分之三的抗肿瘤疗法是针对特定 DNA 变异而研发设计的。随着越来越多的新疗法进入市场（测试新药平均需要 8~10 年），携带 DNA 文件去买药或者看病将成为现实。

目前，针对某些癌症的遗传检测在医院已经是常规流程。格列

卫 [gleevec，是"伊马替尼"（imatinib）的商用名] 是一种 2001 年投入市场的用于治疗慢性粒细胞性白血病（chronic myelogenous leukemia）的药物，是第一个治疗具有特定遗传异常的癌细胞疾病的药物，需要在开具处方前对肿瘤进行 DNA 分析。爱必妥 [erbitux，是西妥昔单抗（cetuximab）的商用名] 和前述的赫赛汀也是专门治疗具有特定 DNA 突变的肿瘤疾病的药物。尽管具有革命性意义，但这些药物仍仅限于治疗几种肿瘤疾病。在 2017—2018 年，FDA 批准了两种首创的针对肿瘤遗传特征来运作（而不管其来源如何）的治疗药物，即派姆单抗（pembrolizumab）和拉罗替尼（larotrectinib）。对于这些组织不确定类癌症药物来说，不再有"癌""肉瘤""乳腺癌""肺癌"等类似划分，肿瘤的 DNA 是决定是否适用治疗的唯一参数。

治疗成本可能是这场革命的唯一障碍。传统畅销药的开发成本通常更高，但其销售额可达数十亿美元，一旦收回研究成本，它们的价格就会下降。DNA 定制药物开发速度更快、成本更低，但是市场较小，只针对具有特定 DNA 组成的患者群体。这可能会让研究人员倾向于开发更有效但更昂贵的疗法。事实上，一些新疗法目前的价格是几万到几十万美元。政府、行业和卫生系统需要在这些新疗法的功效与成本之间找到平衡。

随着 DNA 定制疗法的不断发展，基于缺陷检测来选择治疗方法的风险也随之而来。抑郁症的治疗是药物遗传学检测中颇受争议的典型范例。为了找到合适的抗抑郁药物，研究者和患者都需要经历漫长而艰巨的试错过程。在线 DNA 检测服务公司 Gene Sight 在基因检测巨头 Myriad Genetics 的大力支持下，推出一种药物基因组学检测。他们说，这种方式只需检测几种 DNA 变异，就可以为患者提供适用药物和剂量的建议了。

该公司还声称，这种以基因为导向的治疗方法比传统治疗方法的疗效提升了 70%，同时引用了它在同行评审期刊上发表的研究。但是媒体报道了这种疗法的失败案例。例如，来自美国佛蒙特州的约翰·布朗（John R. Brown）曾是一名编辑，他在接受 Gene Sight 的检测建议后更换了抗抑郁药，后来在精神病医院企图自杀。专家认为，由于该公司的算法是保密的，因此无法评估其有效性。美国食品药品监督管理局也发出警告：这些检测必须经正式审批后才可以应用于临床实践，否则将存在危险性。该公司坚持认为该疗法非常有效，而且就像任何医疗程序一样，不能因为几次偶然事故就予以全盘否定，应该通过后续研究来证实这种特殊检测是否有用。

第三部分 预见：健康和你的遗传未来

第十七章
唾液检测的未来

　　如果你打算去佛罗伦萨游玩，我建议你参观韦奇奥宫（Palazzo Vecchio），也就是这座城市的市政厅。当大多数人花时间欣赏宏伟的五百人大厅（Salone dei Cinquecento）时，你不妨继续前行，去看看小一些的地理地图大厅（Hall of the Geographic Maps）。在那里，你将沉浸在文艺复兴时期的地图中。由科西莫一世·德·美第奇（Cosimo I de Medici）大公（1519—1574）委托制作的一系列地图，被精妙地喷绘在大型衣柜的门上。这些地图浓缩了当时的地理知识，从不列颠群岛到尼日尔，从日本到墨西哥。

　　在这些绘制着典型美第奇家族①风格图案的衣柜中，还隐藏着许多秘密。例如，在亚美尼亚地图后面，有一条狭窄的通道通向比安卡·卡佩罗（Bianca Cappello）的房间。比安卡·卡佩罗是科西莫的儿子弗朗西斯科（Francesco）的第二任妻子。比安卡和弗朗切斯科后来在一次晚餐后神秘死亡，调查人员始终不确定他们死于中毒还是疟疾。然而，真正让房间成为现代地图的是放置在中间的巨大地球仪。科西莫知

---

① 美帝奇家族：意大利语 Medici，是佛罗伦萨 15 世纪至 18 世纪中期在欧洲拥有强大势力的名门望族。——译者注

道，地球将成为整个收藏的关键。它采用三维视图，将所有地图连接起来，展现了世界的规模和复杂性。如果没有地球仪，那么衣柜上的图案将仅仅是平面和不完整的展现。

21 世纪，遗传学家正在经历着与文艺复兴时期地理学家类似的范式转变。由于可以全面研究人类的 DNA，因此他们发现了一个更高维度的内部网络。这个网络将所有基因和染色体连接在一个超越 DNA 字母序列的 3D 网格中。这个系统被称为表观基因组①，可以同时调控数千个基因的活动。这些研究表明，我们基因组研究中有一部分曾被认为是无用的，但现在正为更高级的 DNA 分析铺平道路。

垃圾的逆袭

我有一只可爱的小猫，我给它取名叫伊娃。它的漂亮毛色就是表观基因组学的杰作。伊娃的玳瑁花色（也称为花斑）包含随机的黑色、红色和白色斑块，只有在母猫身上才能看到，这是每个爱猫者都知道的常识。但直到近些年，科学家才证实了这种现象是由于复杂的表观遗传机制所致。

包括人类在内的雌性哺乳动物都有两条 X 染色体，但在每个细胞中，只有一条染色体处于活化状态，而另一条则被表观遗传系统"灭活"，从而使整个染色体无法被读取。这些表观遗传机制虽然不会影响基因的内容，但是会调控基因的表现形式，决定基因是被细胞机制读取

① 表观基因组（epigenome）是指细胞内基因组 DNA 序列外的一层化学修饰和结构变化，这些变化不改变 DNA 序列本身，但对基因表达产生影响。表观基因组包括 DNA 甲基化、组蛋白修饰、非编码 RNA 调控、三维染色体结构等多个方面。——译者注

还是被灭活并保持空闲。灭活的染色体虽然存在，但其 DNA 信息无法被读取，就像书页被订书钉封住，无法阅读里面的文章一样。

伊娃的花斑色就是这种遗传沉默的结果。猫毛的颜色取决于位于 X 染色体上的基因。公猫只有一个染色体 X，而该染色体永远不会被灭活，因此公猫永远不会产生花斑色毛发。相反，母猫在每个细胞中有两个 X 染色体，它们会随机被灭活。由于每个染色体都可以编码不同的颜色，因此母猫会产生不均匀的毛发外观，就像是有人拿着两瓶油漆随意涂鸦一样。

表观遗传学的重要性远不止能创造卖萌的可爱小猫。人类孟德尔遗传在线数据库（OMIM）是有关人类基因和遗传疾病的数据库，列出了一百多种涉及或极有可能与表观遗传机制有关的疾病。表观遗传缺陷将导致遗传混乱并引发癌症。

现在我们知道，写在 DNA 上的表观遗传注释决定了细胞是否会成为神经元、肌肉或任何其他组织，从而激活它们各自的遗传程序。这是至关重要的，因为我们体内的每个细胞都有相同的 DNA，并且需要根据其位置和功能来打开和关闭某些基因。

干细胞研究也从表观遗传学的研究中受益匪浅。这些细胞的再生能力取决于它们擦除表观遗传信号来改变身份的能力。日本科学家山中伸弥（Shinya Yamanaka）和英国科学家约翰·戈登（John Gordon）发现，正常的成年细胞可以被重新编程，并且可以通过改变其表观遗传状态的治疗转化为干细胞，从而将他们的基因程序重置为默认状态，就像清理手机内存一样。他们因这项重大发现获得了 2012 年的诺贝尔奖。产生的细胞称为诱导多能干细胞（induced Pluripotent Stem Cells，iPSCs），这是再生医学的一场革命。

表观遗传机制还能根据外部刺激（如压力、食物和其他因素）来调节基因活性，从而将遗传复杂性提高到新水平。每个人都有自己独特的 DNA 序列，但可能拥有无数种表观遗传状态。

表观遗传学是个体遗传变异性的重要来源，因此我们有理由预测，未来它将被纳入消费者基因组学领域并得到应用。检测表观遗传变化需要特殊的技术，目前这些技术仍在开发中，其中许多信息的重要性仍然不为人知。总有一天，消费者基因组学可以将 DNA 字母序列与表观遗传信息结合起来，以提高诊断的准确性，或者在肿瘤扩散之前识别其表观遗传特征。

目前，人类已经探知了几种表观遗传机制，还有许多其他机制有待发现。甲基化是一种以甲基（一种小型碳族）来取代氢原子的化学修饰过程，已得到充分研究论证。当甲基原子团被添加到基因中时，该基因就会被锁定。虽然字母序列未受影响，但是将无法被读取，就像伊娃的灭活 X 染色体一样。

反义 RNA（一种阻碍其信息传递的基因的负向拷贝）是暂时抑制特定基因表达的另一种表观遗传机制。相反，其他表观遗传系统具有积极作用，并诱导基因的活性。

表观遗传控制中心在哪里？有趣的是，这种控制中心其实并不存在。表观遗传信号来自 DNA 的不同部分，这些分散的节点通常存在于基因组中不编码蛋白质的区域。这种 DNA 曾被认为是毫无用处，因此被称为"垃圾"。而现在，它被视为基因组的扩展大脑，一个神秘的策划者，可以一次性召唤成千上万个基因，并且指导它们工作，就好像导演指挥动作片中的临时演员一样。

🎲 外星人朋友

杰瑞·宋飞（Jerry Seinfeld）曾在美剧《宋飞正传》（*Seinfeld*）中

说："我认为狗才是地球的领导者。如果你看到两种生物，一种生物随意排便，而另一种生物则帮着清理并携带便便，你觉得谁才是老大呢？"

同样的道理，如果外星人仔细观察人类，他们会认为我们只是喂养和携带微生物的奴隶。我们的体内携带的微生物要比我们自身拥有的细胞多 10 倍，并且估计有 330 万微生物基因，是我们自身 DNA 中基因数量的 160 倍。我们的肠道约含有 1 千克细菌，可以帮助我们消化和代谢食物、产生维生素并保护我们免受感染。我们的肠道、皮肤、毛发和黏膜拥有一个复杂的细菌和真菌生态系统，研究人员称为微生物群，其中包括数千种不同的物种。

最新的研究发现了这些小伙伴们的一些新功能。事实证明，肠道细菌既可以保护我们，也会让我们容易患上各种疾病，包括各种炎症、糖尿病和肥胖症等。大量数据表明，它们甚至可以改变我们的情绪和行为。有趣的是，根据粗略估算，每个人都拥有大约四分之一的独特微生物群。因此，我们都拥有一种微生物身份和细菌指纹，可以用来区分彼此。

该领域仍处于试验阶段，但有一部分消费者基因公司已经涉足该行业，并提供微生物检查服务。例如，美国公司 Ubiome 和 Viome 会从你的肠道和体表筛选细菌基因，以查找健康和不健康的细菌。

不过，此时唾液检测程序就不适用了，你需要用棉签在你的便便上或体内的问题区域来取样。

这些服务属于监管的灰色地带，只有时间才能证明它们是否值得我们精心投入。然而，它们的存在预示了消费者基因组学的未来。在未来十年左右，典型的个性化 DNA 报告可能会将我们的 DNA 数据与各种其他遗传来源结合起来。显然，细菌就是其中一种遗传来源。

另一种可能是隐藏在我们体内的癌前细胞。最近，出现了一种所谓的"液体活检"技术。这种技术可以通过观察血液中循环的癌细胞的基因特征来予以识别。该技术仍处于试验阶段，在未来几年将会逐渐普及。如果这种技术得以实现，只需一滴血，我们就能发现健康人肿瘤的最初遗传征兆，或者监测已接受治疗的患者的复发情况。就像我们购买检测套件来监测血糖或脂肪一样，消费者基因组学可能会为各种肿瘤的液体活检提供家用检测套件。

无处不在的基因组

随着技术的发展，你无须将生物样本寄送给互联网公司。这就像视频流服务出现后，VHS 和 DVD 就逐渐淡出市场一样。正如我们所见，现在市场上已经出现了便携式商用 DNA 测序仪，你只需将 USB 插头连接到你的个人计算机即可使用。目前，此类产品还只适用于基因研究，而且只能读取较小型的基因组，例如细菌的基因组。

随着技术的不断发展，这些微型家用检测套件甚至可以取代更昂贵的实验室设备。大多数人可以在家里创建他们所有的 DNA 文件，而无须向基因检测公司寄送唾液或生物样本。事实上，随着唾液检测的发展，我们将来不用往采集管里吐口水。一系列传感器将清楚地监测我们的唾液、汗液、皮肤、尿液，甚至我们的排泄物，以确保我们的微生物群是平衡的，或者监测感染或肿瘤的早期症状。

我们可以称为家庭基因组学（home genomics），或者任何你喜欢的名字。DNA 检测将无处不在，其生命记录设备可以实时监视我们的遗传参数，并将其与有关我们的运动、食物摄入、疾病、睡眠和日常工作的数据整合在一起。苹果设备已经推出了用于收集生物数据的套件，可以与 23 and Me 的应用程序互联。谷歌公司也正在开发类似的工具。

数百万基因组将形成一个全球网络平台，其应用范围涵盖医学、研究、系谱以及娱乐等领域。在这个网络平台上，人们可以随时更新动态，并附上其遗传分析的快照："今天我得了流感。这是我最新的喉部微生物组。""我在 Relative Finder 上又找到一个新表亲！""我用那款洁面霜后皮肤起了疹子。这是我皮肤拭子的 DNA 检测结果。""我对某种抗生素过敏。我的资料中有核基因和微生物基因的数据。""这些天我的抑郁症越来越严重，这和我的肠道微生物有什么关系吗？"，等等。

算法将监控这种巨大的信息流，将健康指标与 DNA 数据进行交叉引用，并实时提取有意义的统计关联。如果近期有很多与你基因构成相同的人感染病毒或产生药物不良反应或食物过敏，你就会收到警报，提示你接种疫苗或避免使用某些产品。

这个基因网络也可以被用作警报系统，用于监测疫情情况。在疫情监测期间，卫生当局已经依靠大数据系统来监测本地新闻、推文、论坛和其他社交网络。非正式消息来源对于监测疫情非常重要，2018 年，《启迪》杂志有一期曾报道，美国地方报社的陆续关闭对健康监测造成了严重影响。传统媒体正走向没落，基因社交网将成为监测疫情的终极工具，比传统方式更为复杂和精密。

对于某些人来说，这项技术将把人类带到一个"反乌托邦世界"① 中。在那里，遗传数据很容易受到生物攻击，并成为社会和政治控制的对象。法国哲学家米歇尔·福柯（Michel Foucault）在 20 世纪 70 年代提出了生命权力（biopower）的概念。对于任何担心自身 DNA 文件被滥用的人来说，这是一个不祥的预兆。福柯认为，任何用于控制人体的技术也将用于社会和政治控制。福柯并未在生前看到基因互联网的

① 反乌托邦世界通常指的是一个虚构的世界。在这个世界，政府或其他权力机构通过极权主义、暴力、恐怖、审查等手段控制人民，导致社会崩溃、个人自由和权利被严重侵犯、人类文明和道德沦丧。——译者注

问世，如果他今天还活着，他可能会把基因技术当作生命权力的教材范例。他甚至预见到生命权力将从"生命水平"本身开始运行，并通过网络传播，这种描述似乎与基因社交网非常吻合。在这位法国哲学家的眼中，唾液受测者将受到医生、广告商和政治宣传的影响，按照 DNA 检测建议来购物、穿着、阅读和饮食。

我没有福柯那么悲观，我也不像他那样有远见。但是在这样一个基因组学无处不在的世界里，我们必须适应全新的技术，并学会合理管控它们，以保护我们的隐私。

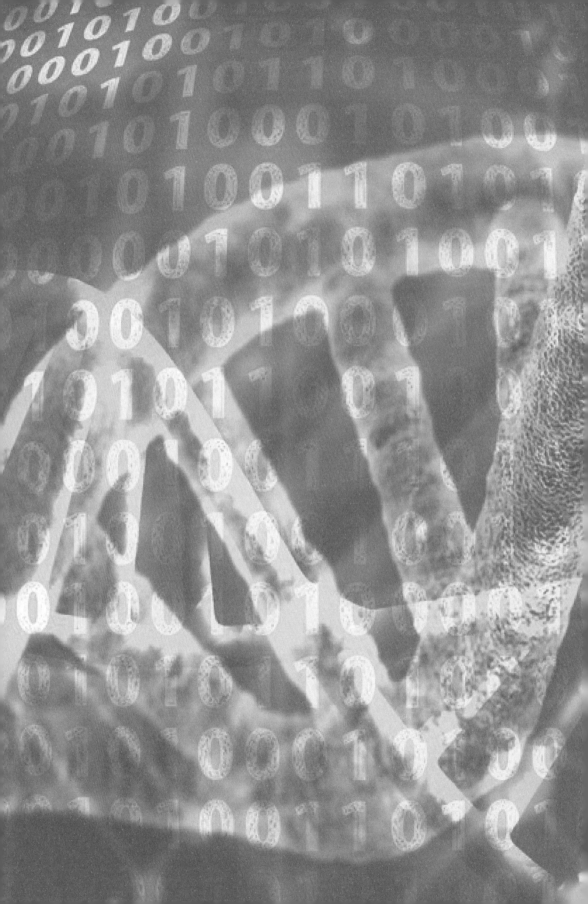

第四部分

隐藏：谁拥有你的数据？

"我在简历上撒了多少谎并不重要。

我真正的简历在我的细胞里。"

——文森特·弗里曼（Vincent Freeman），《千钧一发》（*Gattaca*），

1997

威格姆："你拿到了什么？是全镇居民的 DNA 文件吗？"

DNA 专家："对啊。只要你碰过一分钱，政府就能获取你的 DNA。不然

他们为什么会让货币流通呢？"

——《辛普森一家》（*The Simpsons*），第 7 季，第 1 集

第十八章
基因掠夺者

你开心地离开了房间。这次求职面试进展顺利，你表现得很棒。毫无疑问，他们会再次给你打电话的。但是，当你走进电梯时，回想起刚才发生的事情，忽然感到后背一阵发凉。

此时，面试过程如同慢动作电影一般浮现在你眼前。你看到自己在简历上留下了淡淡的指纹，在他们递过来的咖啡杯上留下了唾液，以及在面试房间各个地方留下的微小有机痕迹。你知道该公司会对应试者进行背景调查，所以你赶紧删除了 Facebook 和 Instagram 等社交网络的个人资料中的所有令人尴尬的照片，甚至删除了一些内容不合适的推文。但是基因呢？他们能从你留下的生物痕迹中获得基因档案吗？如果他们根据 DNA 检测结果确定你不适合该工作怎么办？如果他们发现或怀疑你拥有罕见的痴呆症或心脏病的遗传易感性该怎么办？他们还会雇用你吗？如果有某种争议性研究将你的基因与反社会行为、药物滥用或任何甚至不知道的其他风险联系起来，你会因此而被社会排斥吗？

如果你看过 1997 年的科幻电影《千钧一发》，就会非常熟悉这种场景。这部电影描绘了以基因决定论为主导的反乌托邦社会。在那里，每一种生物痕迹都可以被用来评判和歧视人。我们还没有发展到那种程度，还没有媒体报道过雇主和保险公司筛选人们的 DNA，但这种科幻场景正逐步趋近现实。在科技发达的现代社会，任何人都可以借助基因社交网络偷偷采集你的 DNA 样本并进行读取，甚至窃取你的基因身份。如果你的 DNA 信息被存入数据库，黑客就可以直接访问你的 DNA 文件，而无须获取你的生物材料。

黑客获取我们的基因组后，就会创建基因组数字副本。即使我们的生物痕迹消失，甚至我们死亡，这些数字副本也会继续留存，就像纸质照片被烧毁或丢失以后，其电子版照片仍可以妥善保存一样。像任何其他数字文件一样，我们的 DNA 文件并非绝对安全。在我们不知情的情况下，它们可能会被黑客入侵、窃取、复制或使用。

⬡ 狡猾的排便者

在遗传隐私编年史中，一堆神秘的人类粪便将永远被人们铭记。2015 年，在佐治亚州亚特兰大市郊区的一家杂货店里，主管正在调查到底是谁在仓储区附近的公司大楼内留下了大量粪便。他最终锁定了两名有嫌疑的工人——杰克·洛（Jack Lowe）和丹尼斯·雷诺兹（Dennis Reynolds）。他们被叫到办公室，要求他们提供唾液样本，以便公司可以将他们的 DNA 与神秘排便者的 DNA 进行比对。

两个人都同意，检测结果证明他们是无辜的。但几周后，两人都起诉该公司非法使用其 DNA，违反了《2008 年基因信息反歧视法案》（*Genetic Information Non-discrimination Act of 2008*，缩写 GINA），该法案禁止保险公司和雇主收集并使用工人的基因信息。这场著名的"狡猾排便者的审判"是 GINA 法案的首次庭审案例，最终两名工人获得了250 万美元的赔偿。这是个离奇的故事，但是这次判决为美国的遗传隐

私树立了重要的判例。（你想知道结果吗？事实上，真正的排便者一直
未被找到。）

GINA 法案创建了美国遗传隐私的保护框架，禁止健康保险公司利
用基因信息对客户进行资格审定、确定保险范围、承保和设定保费，禁
止雇主将雇员的基因数据用于就业决策，例如雇佣、解雇、晋升、付薪
和分配工作等。但是，该法案不适用于雇员少于 15 人的公司，并且不
涵盖长期护理保险、人寿保险或伤残保险，这无疑为潜在的 DNA 滥用
行为开启了方便之门。

此外，为便于参与健康计划 GINA 法案也没有禁止员工自愿向老板
披露基因信息，这样就有漏洞，这些程序就可以被用作特洛伊木马，从
工人那里索取"自愿提供"的 DNA 信息。此外，美国许多州以前制定
的法律超出了 GINA 法案的管辖范围，于是全国各地都在忙着修补法律
漏洞。

有待完善的法规

放眼全球，基因隐私保护的形势喜忧参半。好消息是，许多国家都
制定了有关基因隐私的法律，尽管这些法规是零散和不完整的，并且大
多数尚未在法庭上进行检验。

2007 年，所有欧盟国家签署了《里斯本条约》（ *Lisbon Treaty* ），该
条约禁止欧盟范围内任何基于遗传学的歧视。自 2018 年起生效的《欧
盟通用数据保护条例》（ *GDPR* ）将以前的所有法规整合在一个框架中，
为所有个人数据（包括 DNA，与其他生物特征信息一起被列入特殊类
别）提供全面保护。条例规定，未经用户同意，任何人都不能披露其基

因数据。

英国于 2018 年颁布《数据保护法案》(*Data Protection Bill*)，其中也包含类似的基因隐私保护条例。保险公司签署了自愿暂停令，以避免使用基因信息。加拿大于 2017 年颁布《反基因歧视法》(*Genetic Non-Discrimination Act*)，禁止保险公司使用任何基因检测的结果来确定保险范围或定价。

在澳大利亚，保险公司可能不会要求其客户进行基因检测，但会要求他们提供已经参与的任何与健康相关的检测信息，包括消费者基因组学公司的检测结果。在撰写本文时，很多澳大利亚人因为害怕保费飙升，不敢接受 DNA 检测。临床遗传学家建议他们的患者在接受任何与医学相关的基因检测之前，先仔细核对自己的保险单。

◉ DNA 窃取

无论走到哪里，我们都会留下一些生物样本：头发、唾液、烟头、汗水，甚至指纹。获取某人的基因档案并将其共享到互联网上，虽然不像拍摄一张令人尴尬的照片并将其发布到 Instagram 上那样容易，但是难度也没有多大，任何能接触到你的生物痕迹的人都可以采集到你的 DNA 样本。

2009 年，英国《新科学家》(*New Scientist*) 杂志的两位记者迈克尔·莱利 (Michael Reilly) 和彼得·阿尔杜斯 (Peter Aldhous) 进行了一项实验，以证明获得他人的 DNA 是多么容易。迈克尔"偷走"了他的同事彼得用过的杯子，并将其寄送给一家专门从事法医检测的公司，而该公司并未过多盘问就同意提供服务。他们从残留在杯子上的微小唾液痕迹中提取了 DNA，然后用一种称为"聚合酶链反应"（PCR）的技术（大多数法医和研究实验室都使用该技术）扩增了这些生物痕迹，并将样本寄给迈克尔。现在，迈克尔拥有足够的生物材料，可以在线订购基因检测套件。他可以将同事的 DNA 样本放入试管中，冒充自己的唾液样本。

公司按照正常流程来处理该样本。迈克尔可以访问彼得的基因档案，甚至可以使用他的身份在 Relative Finder 上寻亲。两位记者对实验结果颇感震惊，他们因此主张：除警察和辩护律师以外，任何人从日常物品和剩菜中提取 DNA 都应视为非法。他们指出："我们没必要像《犯罪现场调查》那样提心吊胆地生活。"

第十九章

你的 DNA 文件如何协助破案

2011 年 2 月 26 日，有人在意大利的贝尔加莫附近的灌木丛中发现了 13 岁女孩亚拉·甘比拉西奥（Yara Gambirasio）的尸体。她已失踪了三个月，数百万意大利人都在焦急地等待着她的搜寻消息。尸检显示，她是被人刺伤后在寒风中活活冻死的。由此，这起案件成为公众热议的焦点话题。寻找杀害亚拉的凶手成为意大利历史上最昂贵的搜捕行动，也是全球首次大规模的基因拉网式搜捕行动，也为人们制定全新而强大的悬案破解策略奠定了基础。但对于许多相关人员来说，本次事件则演变成一场侵犯隐私的噩梦，暴露出 DNA 调查的隐患。

无名氏 1 号

亚拉居住和被谋杀的地方是一个山区，其中散布着很多小村庄和关系密切的社区。那里的居民大多数都讲伦巴第（lombard）方言。这个隐居的族群同样对这起谋杀案感到震惊。此外，媒体的疯狂造访干扰了他们平静的生活，让他们颇感烦恼。警方在亚拉的紧身裤上发现了微小的 DNA 痕迹，与警方数据库中的任何基因样本都不匹配。凶杀事件过去了几个月，调查人员仍毫无头绪，被各种虚假线索带入泥沼，还承受着各界的强大压力。后来，他们改变方向，采用了一个既无奈又具有技术难度的解决方案。他们要求亚拉所在村庄附近的每个居民都提供自己的 DNA，以便与嫌疑人的 DNA 痕迹进行比对。

当地居民都自愿参加了检测。法医专家团队用几个月的时间收集并分析了该地区的 22 000 多个样本，并将它们与亚拉衣服上发现的"无名氏 1 号"（意大利未知嫌疑凶犯的代号）的 DNA 进行了比对。参与检测的人包括：亚拉的邻居、僻静山区的村民、亚拉参与体操训练的当地体育中心的孩子们，尸体发现地附近的一家夜总会的顾客等。所有人都排成一队，挨个提供唾液样本。但是经检验，这些人的 DNA 都与无名氏 1 号的 DNA 不匹配。

随后，警方尝试了一种新方法。他们再次查阅数据，这次搜索的目标不是与嫌疑人完美匹配的人，而是可能与其有遗传关系的人。换句话说，就像使用 Relative Finder 来寻亲一样，警方希望通过收集的 DNA 找到嫌疑人的可能的家庭成员，然后确定其具体身份。这一策略终于取得成效。经 DNA 检测对比，有一位在谋杀案发生时身处国外的男子被证明是无名氏 1 号的远房表亲。

警方以此人为突破口开展调查，查阅了他的系谱档案（最早可追溯到公元 1700 年左右），寻找他的每个家庭成员。警方最终找到了他的一位住在附近村庄的已故亲戚朱塞佩·盖里诺尼（Giuseppe Guerinoni）。他是一位公交车司机，已于 1999 年去世。警方从他生前碰过的邮票中提取到他的 DNA。基因检测结果确定了他是无名氏 1 号的父亲。为保证结果的准确性，法官下令挖出这位司机的尸体再次进行检测，结论完全相同。

案件似乎马上就要水落石出，但事实证明，这只是另一场媒体狂欢的开始。经检测，盖里诺尼的孩子和遗孀的基因档案与无名氏 1 号完全不匹配，这表明嫌疑人可能是这位公交车司机的私生子。DNA 检测仿佛引爆了一颗定时炸弹，让这个秘密公之于众。

便衣警察将当地居民经常光顾的酒吧锁定为调查目标，以寻找有关盖里诺尼的传闻，并试图借此找到无名氏 1 号的母亲。家庭主妇经常光顾的小型市场则成为电视媒体寻找故事素材的理想场所，记者们缠着老年居民，询问他们有关这位已故司机的花边新闻。新闻和脱口秀节目为猎奇的全国观众提供了案件的每一个细节，完全不顾涉案人员的隐私。

与此同时，无名氏 1 号仍然逍遥法外，他不知道自己的生父身份，也没有意识到家人的基因会让他落入法网。

警方与媒体的无礼行为让当地居民十分恼火，但这种方法十分奏效。曾经的谣言再次出现，说这位公交车司机是个好色之徒，而已有三个孩子的妇女埃斯特·阿祖菲（Ester Arzuffi）是他的情人。于是，警察将目标锁定到她的儿子——43 岁的建筑工人马西莫·博赛蒂（Massimo Bossetti）身上。警方以测酒驾为由拦住了他的汽车，让他接受酒精呼气检测，然后采集了他留在呼气测醉器上的唾液。结果表明，他的基因与无名氏 1 号的基因完全吻合。2014 年 6 月 16 日，在亚拉被谋杀近四年后，凶手博塞蒂被捕。尽管他拒不认罪，但后来仍被判处终身监禁。

从技术角度而言，这次调查非常成功。以前从未有人进行过如此大规模的遗传家族搜索，而且这种方法的确行之有效。但另一方面，案件审理侵犯了与嫌疑人有亲缘关系的人的隐私权。2015 年的一期《卫报》（The Guardian）如此评论："盖里诺尼的遗孀在其迟暮之年不得不接受她丈夫的不忠和拥有私生子的事实。与此同时，乔瓦尼·博塞蒂（马西莫的合法父亲）刚被确诊患有晚期癌症，就成了意大利最著名的'绿帽男'，这下举国皆知，他的三个孩子都不是他亲生的。"

如果有一本教你如何罔顾基因隐私的反面教材，这起戏剧性的亚拉案就是其中最好的范例。在公众和媒体的压力下，调查人员只专注于破案，甚至不惜侵犯他人隐私。他们通过借助于 Relative Finder 平台（当时其规模超过大多数基因检测公司）创建了一个包含数千个家庭及其 DNA 的庞大数据库，但并未考虑为相关人员设置个人隐私防火墙。结果，很多无辜的局外人在参与检测后，被发现与嫌疑人的基因有一些关联，被无良媒体大肆渲染，名誉也受到严重损害。

令人难以置信的是，大多数国家还没有制定明确的法律法规来保护那些参与 DNA 拉网式调查的民众。

基因线人

在亚拉案调查几年后，美国也发生了一起悬案，案件调查过程证明了更大规模的 DNA 家族搜索的强大作用。这次搜索是通过在线基因社交网完成的。

罪犯被媒体称为"金州杀手"（Golden State Killer），是个嗜血狂魔。在 20 世纪 70 年代到 80 年代，他涉嫌在加利福尼亚州实施 12 起谋杀案和至少 50 起强奸案。但几十年来，这个凶犯却一直逍遥法外。保罗·霍尔斯（Paul Holes）是一名长期调查此案并对遗传学颇感兴趣的侦查人员。他追踪了一个装有凶手在 20 世纪 80 年代遗留的生物材料的性侵证据工具包，从中提取并解码了 DNA 文件，并把文件上传到网站 GEDmatch.org。该网站与 23 and Me 的 Relative Finder 性质相同，不仅完全免费，而且功能更强。数百万客户将其基因文件寄送到该网站进行系谱研究。通过这个网站，霍尔斯追踪到 25 个与凶手有关系的家族。

若干侦查小组被派往美国各地，对这些家族进行调查。其中一个小组找到了约瑟夫·詹姆斯·迪安杰洛（Joseph James DeAngelo），这位现年 72 岁的美国海军退伍军人和前警员正与妻子在萨克拉门托（Sacramento）安享晚年生活。经检测，他的 DNA 与犯罪现场凶犯遗留的 DNA 完全相符。2018 年 4 月 24 日，迪安杰洛被正式批捕。在本文撰写之际，他正在加州等待法庭对其涉嫌的几项谋杀和强奸罪的审判，很可能会被判处死刑。

在亚拉案中，警方为了寻找凶手花费了数百万欧元，聘请了若干遗传学家团队，并动员了整个族群自愿参与 DNA 检测。相比之下，寻觅迪安杰洛的家族成员就像是在公园里散步一样轻松。侦查人员将嫌疑人的 DNA 上传到互联网上，委托基因平台进行取样和比对。随着金州杀手案的成功破获，DNA 家族搜索的潘多拉魔盒就此开启。

在迪安杰洛被捕的几个月内，警察逮捕了一名涉嫌于 1988 年殴打并杀害了一个 8 岁女孩的男子，一个涉嫌于 1992 年杀害一个小学老师的 DJ，一个涉嫌于 1981 年杀害一名房地产经纪人的嫌疑人和一个被控于 1986 年强奸和谋杀一个 12 岁女孩的男子。警方通过在 GEDmatch、Ancestry.com 和其他基因社交网上找到嫌疑人亲戚的 DNA，然后进行三角定位并最终发现这些嫌疑人。

在基因社交网上进行家族搜索已成为标准的司法操作流程，可协助警方调查新案件，以及重新调查和侦破以前遗留的各种悬案。在美国，许多警察局将这些调查工作外包给专门的公司，这些公司将嫌疑人的 DNA 文件上传到几个基因社交网上，追踪其近亲和远亲，查询他们的居住地、家族史以及任何有助于侦查人员找到目标嫌疑人的事项。即使嫌疑人使用昵称，也可以通过使用 DNA 公司存储的记录来找到他们，例如他们购买检测套件时填写的地址、付款信用卡上的姓名或者电脑在登录网站时留下的计算机 IP 地址。大多数基因公司都有相关规定，拒绝为当局提供客户信息。但这些公司也明确表示，如果警察能出示有效的逮捕令，他们就会提供数据。23 and Me 甚至出版了一本相关的法律实施指南。

家族搜索正在创造奇迹，许多悬而未决的疑难案件因此破解。但与此同时，每位公民都面临着警察登门质询的风险，他们可能会被质疑犯罪，被怀疑是从犯，或者暴露自己的私生活，仅仅因为他的某个远房表亲是犯罪嫌疑人。不在警察数据库或基因社交网中的人也不能幸免，因为家族搜索可以调查到所有家族成员，甚至是那些从未进行唾液检测的人。2018 年，一个研究小组指出，6/10 的美国白人可以通过 DNA 社交网络被追踪，无论他们是否接受过 DNA 检测。

由于家族成员的关系紧密，我们可以通过基因社交网，沿着家谱树顺藤摸瓜，轻松找到未在数据库中的亲戚。随着每年越来越多的人注册基因社交网，在不久的将来，只要是拥有 DNA、名字和血统的人（简言之，就是生活在地球上的任何人），即使没有参与 DNA 检测，家族搜索也能进行追踪。

当你的家人和你的基因材料被当局监视和利用时，你肯定会担心隐私问题。没错，我非常乐意与执法部门合作，提供包括我基因在内的所有信息，以便将凶手绳之以法。问题在于，这些信息会被如何使用。细思极恐，谁来保护我和我家人的隐私？谁来决定哪些罪行适合进行家族搜查？

作为一个有社会责任感的公民，我会接受甚至鼓励警方利用我的基因信息和家族信息来寻找某个连环杀人犯或强奸犯。但如果是轻微犯罪呢？如今，针对轻微犯罪的基因证据也逐渐得到人们认可。有报道称，警方会根据在安全气囊、啤酒罐甚至蚊子血中遗留的 DNA 来抓捕偷车贼。家族搜索可以用于此类犯罪吗？我真的会让法官或政府来斟酌决定吗？用不了多久，法官或政府就会利用我的 DNA 去寻找政见不同者，确定某人在我的国家是否有家庭成员并因此享有公民权，或者将其用于我尚未同意的其他用途吧！

当我最初思考到这些问题时，不禁想起了我的叔叔乔瓦尼（Giovanni），他在第二次世界大战纳粹占领欧洲期间担任游击队员。党卫军抓到他并对他进行了百般折磨，但乔瓦尼咬紧牙关，没有出卖他的战友。一个月后，他被杀害了。像许多其他英雄一样，他选择了缓慢而痛苦地死去，而没有告发别人，但他毕竟是可以自行选择的。随着家族搜索的到来，你的 DNA 会完全泄露你和家人的隐私信息，而不会考虑你是否正在遭受他人的不公迫害。

这些新工具挑战了几百年来根深蒂固的自由意志观念，以及在基因组时代之前自由主义世界的公认规则。如果西班牙宗教法庭（Spanish Inquisition）、盖世太保（Gestapo）或斯塔西（Stasi，前民主德国国家安全局）登门调查信息，你可以选择主动配合，也可以选择拒绝，但是，那样的话你就会被抓去坐牢，你的余生将在监狱中度过，受尽折磨，就像乔瓦尼叔叔一样。电子间谍活动也有回旋余地，你可以加密通信、脱离网络，以及尝试向系统提供虚假数据。如果我的叔叔想要在当今社会躲藏起来，一个新的法西斯体系只需通过他留下的生物痕迹就能找到他。我和我亲戚的 DNA 会在家族搜索中透露他的姓氏，而我只能无奈旁观。正如系谱学家香农·克里斯马斯（Shannon Christmas）在接受《大西洋月刊》（The Atlantic）采访时所说，"这种工具本意是为了家庭团聚，而现在基本上被用来让家庭成员入狱"。

隐私保护倡导者认为，DNA 家族搜索将家庭成员变成了基因线人，侵犯了《美国第四修正案》（Fourth Amendment in the US）、《欧洲人权公约》（European Convention of Human Rights）和许多其他立法规定的免受任意搜查和扣押的人权。一位美国马里兰州代表在接受《连线》杂志采访时指出："DNA 不是指纹。指纹只与你个人有关，而 DNA 则涉及你的祖先、父母和后代。……公民和政策制定者必须就签署内容进行坦率而诚实的对话。"2019 年，马里兰州通过了世界上为数不多的禁止警察进行家庭搜查的法案，称这种行为等同于非法搜查。

大多数国家可能不希望颁布像马里兰州那样的激进禁令。的确，放弃如此强大的工具来打击严重犯罪者是一种积进措施。但是，当前最重要的事情是确定这些应用程序的限定范围，并找到保护公民隐私的方法。同时，唾液受测者需要知道，即使是最单纯的系谱应用程序也会让他们的家人受到监视。在金州杀手案之后，GEDmatch 在其隐私政策中添加了一些说明，警告客户这类事件可能会发生。该网站补充说，如果你想要实现"绝对的隐私和安全"，那你首先就不要上传你的基因材料，如果它已经存在，就赶紧删除。但即使在这种情况下，正如我上面提到的，你也会成为 DNA 家族搜索的潜在目标，这种搜索会涉及那些从未在线提交过 DNA 文件的人。

阿根廷被盗儿童

在阿根廷，当一个经营媒体帝国的著名家族被卷入该国那段丑陋而残酷的历史丑闻后，家族 DNA 搜索就引发了隐私方面的法律难题。

1976—1983 年，阿根廷处于残酷的军事独裁统治之下，30 000 公民被绑架、折磨和杀害。他们的尸体却都消失不见。他们被称为"失踪者"（Desaparecidos），他们往往会在一夜之间消失而不会留下任何痕迹。在所谓的死亡航班中，有些人，从直升机上被扔入海中，就此消失匿迹。在独裁统治末期，其他人的尸体在万人坑中被发现。

除此之外，还有更残忍的手段。怀孕的失踪者要等到生下孩子后才被杀死，然后这些婴儿被送给政权支持者的家庭收养。据"五月广场的祖母"协会（Las Abuelas de la Plaza de Mayo）①估计，在现今三四十岁的年轻人，至少有 500 人是被杀害的持不同政见者的孩子，后来被军人家庭或支持独裁政权的家庭收养。

这些被盗儿童（niños robados）对于阿根廷社会而言是一个巨大的创伤。在军事独裁统治结束后，阿根廷政府一直在努力寻求弥补伤痕的方法，并试图通过流行文化来纪念这一事件。奥斯卡获奖电影《官方说法》（*La Historia Official*）讲述了阿根廷被盗孩子的故事。玛格丽特·阿特伍德（Margaret Atwood）撰写了反乌托邦小说《使女的故事》（*Handmaid's Tale*），讲述了孩子们被从母亲身边夺走，送给了不育的政治精英夫妇。她说，阿根廷的被盗儿童事件是她故事的来源。

由于失踪者的遗留问题，法医 DNA 研究在当代阿根廷社会中占据特殊的地位。由国家资助的生物库收集了失踪者及其家人的 DNA，政府已使用越来越多的高端基因技术来追踪被盗儿童，并试图弥补他们过去的创伤。到目前为止，已经找到了 129 名当年被掠走的儿童（现在已长大成人）。政治对手被谋杀，他们的孩子被盗走并被送往支持该政权的家庭。很难想象，当孩子们得知自己的生母被残忍杀害而养父母却与凶手有亲密关系时，会受到怎样的打击。但是，也有人在了解自己的真实身份后表示释然。

2001 年，祖母协会收集的证据表明，拥有阿根廷最大媒体集团 Clarin 的家族继承人玛塞拉（Marcela）和菲利普·诺布尔·埃雷拉

---

① 五月广场的祖母协会是阿根廷的一个人权组织，因一些妇女曾在阿根廷首都布宜诺斯艾利斯的五月广场上示威抗议政府而得名。该组织一直致力寻找阿根廷军政府时期失踪的孩子们，并通过 DNA 鉴定来确认他们的身份，并努力让他们和家人团聚。——译者注

（Felipe Noble Herrera）姐弟是被从持不同政见者手中夺走，并被据称与军方关系密切的诺布尔－埃雷拉家族收养。该协会开始了一场法律斗争，意图是获取玛塞拉和菲利普的 DNA，与失踪者的生物库进行检测比对，但姐弟俩拒绝提供样本并在法庭上予以反击，他们认为这是基因隐私，他们有权决定是否了解他们的过去。玛塞拉·埃雷拉在接受采访时表示："我们的身份是我们自己的。这涉及我们的隐私，我认为国家或祖母协会不应该干涉我们自己的事情。"但祖母协会认为，调查可怕罪行符合公众利益，因此侵犯隐私具有合理性。

案件审理长达十年，直到最近才结案。一名法官派武装警卫到埃雷拉姐弟的家中，扣押了他们的内衣和私人用品，并从中提取 DNA 进行检测。但检测结果显示，这对姐弟与任何已知的失踪者都没有关系，此案最终被驳回，但对于如何在个人基因隐私保护与公众了解国家历史或犯罪的权利之间实现平衡，留下了未解难题。强迫埃雷拉或其他据称是被盗儿童而目前已成年的人进行基因检测是否合适？社区是否应该为了所谓的正义与和谐，强迫某些人揭开他们的隐私，接受被遗忘的痛苦往事？

随着消费者基因组学的出现，这些问题更加引人注目，没有法院可以审理此类案件。当众多三四十岁的公民注册成为唾液受测者并从 Relative Finder 上寻亲时，有些人发现他们的真正亲人属于失踪者的家庭，因此会怀疑他们可能是在独裁统治期间被盗走的。一些阿根廷人已经在使用系谱社交网络来确认他们与失踪者的关系，并在 Facebook 群组上讨论结果。阿根廷的客户在注册 DNA 检测套件时是否应该警惕这种风险？如果他们发现了创伤的过去，他们该怎么办？谁有权知道这些往事？他们应该通知当局吗？

从很多方面来说，家族搜索软件都是非常有用的工具。但它们也提醒我们，我们的基因组信息与我们的家族史是密不可分的。我们可以改

变我们的国籍、语言和父母，我们甚至可以忽略我们的真实身份。但是DNA 永远可以将我们与过去重新联系起来，就像我们永远无法关闭的飞行记录器一样。

第二十章
我喜欢 DNA 折扣!

基因国度

基因网络如何改变生活

2019 年，墨西哥国家航空公司（Aeromexico）在美国西南部组织了一场广告宣传活动。在拍摄过程中，有些人表示，他们永远不想越过边境进入墨西哥。然后，工作人员要求他们提供唾液样本，并根据检测结果提供航班折扣。他们的 DNA 中墨西哥血统越多，获得的折扣就越高。这段视频颇具讽刺意味，也暴露了一个令人不安的统计事实：美国西南部的居民通常对墨西哥人持有偏见，支持反移民政策，但拥有墨西哥血统的人比例却最高。人们得知自己具有 20% 到 30% 的墨西哥血统时都深感震惊，但在飞往墨西哥的航班上享受折扣时，他们却露出了开心的笑容。

虽然我们并不清楚这个折扣提议是否真实，但这场宣传活动的确大受欢迎。在特朗普担任美国总统期间，正值美国和墨西哥之间的关系剑拔弩张之际，这场宣传活动巧妙地证明了我们的基因没有边界，我们都是遗传混血儿。

广告商的天堂

　　墨西哥航空的广告宣传活动可能只是一个广告噱头，但 DNA 定制营销的创意是认真严肃的。快速浏览专利数据库，你就会发现，至少有十几个应用程序提到了基因定制广告。目前，这些发明中的大多数可能仍处于规划阶段，但这项技术已经开始步入正轨。基于特定 DNA 档案的在线营销将很快成为现实。

　　全球广告公司 Havas 发布了一份报告，将医疗保健和旅行确定为人们更容易接受基因定制营销的类别。而且，我们显然可以看到，DNA 可以为这些领域的广告商提供有用的信息。该报告在澳大利亚委托执行，多达 70% 的接受 DNA 检测的澳大利亚人对基因定制营销颇感兴趣。他们特别想要的东西包括：追溯祖先历史的旅行、根据其基因定制的食物，还有奇葩点的，比如不爱掉毛的宠物（可能它们的 DNA 显示出有毛皮过敏的风险，宠物店老板们得注意了）。

　　DNA 中带有的易感性与风险并不具有什么特别意义或者科学准确性，只有当它们对人类产生重要影响时才具有意义，这就是为什么我们重视营销的原因。例如，如果你怀疑自己具有中风或糖尿病的遗传易感性，你就更可能去点击膳食补充剂的广告，而不是甜品美食广告。

　　除了感知的风险以外，我们的 DNA 是广告商梦寐以求的信息宝藏。我的基因信息表明：我具有干耳垢、直发，可能是白种人，不太可能是秃头。如果广告代理商能够检测我的基因并进行精准定位，为什么还要浪费他们的宝贵广告预算，尝试向我推销卷发洗发水或防秃乳液呢？如果有一天我的 DNA 档案对我说了下面这段话，我一点也不会感到惊讶："嘿，塞尔吉奥，你有能尝出苦味的变异！真棒！那你为什么不尝尝我们为你这样的超级尝味者制作的新型咖啡呢？看看你能不能尝出里面的细腻口感。"或"嘿，你是乳糖不耐受是吧？那就尝试一下我们的新型超易消化乳糖酶配方吧！"

血统为旅游营销带来了绝佳的机会。在墨西哥航空公司的广告宣传活动之前，前面提到的在线旅游公司 Momondo 就制作了一个视频，展现了人们在发现自己的遗传血统后流露的震惊之情，并发起了"DNA之旅竞赛"，客户可以赢得 DNA 检测套件，并可以免费前往与其检测结果相关的地方旅游。其他公司，甚至包括一些国家的旅游局，肯定会纷纷效仿，各显神通。你很可能会收到一张优惠券，邀请你去自己的"基因家园"旅游，比如爱尔兰、意大利或巴布亚新几内亚，或者为你提供打折套餐，让你去拜访你在 Relative Finder 上找到的远房表亲。

但是，基于 DNA 的折扣可能会触碰到法律的雷区，这可以解释为什么墨西哥航空未能坚持履行其广告宣传期间的报价。根据血统收取不同的价格，相当于根据"种族"或国籍对不同客户给予歧视性对待，这几乎在所有地方都是非法的。将来监管机构会破例同意根据我们的DNA 提供打折优惠吗？基因技术再次对基因组时代之前制定的规则发起挑战。在那个时期，血统是有无的问题，而不是在遗传报告中占比多少的问题。

◎ 完善基因档案

曼迪·卡普里斯托（Mandy Capristo）是德国十大流行歌手。她的职业生涯始于成功的曲目 "Ich wünschemir einen Bankomat"（我想要自己的自动取款机），并作为独唱歌手与女子乐队Monrose一起登上音乐排行榜。当我在Spotify（一个流媒体音乐服务平台）上搜索她时，发现她最受欢迎的歌曲是"Si Es Amor"（如果这是爱），这是一首带有西班牙语标题和德语歌词的舞曲，很不符合我的音乐口味。

我总是被推送有关曼迪的各种奇闻异事，甚至还要被迫听她那不太动听的流行歌曲，只是因为 Facebook 认为我是她的忠实粉丝，它甚至明确地告知了我这点。我一直搞不清为什么，但直到有一天，我看到自己的个人资料后，终于恍然大悟。我曾经在"新闻和娱乐"版块中给有关曼迪的新闻点过赞。这就是 Facebook 的工作原理。它的算法是通过分析我们在社交网络和其他网站上的日常活动来试图推测我们可能喜欢或不喜欢什么。

从 Facebook 向我推荐曼迪·卡普里斯托来看，该系统的数据分析功能并不完美。但总体而言，其系统分析还是正确的。我们在个人档案中的偏好只是系统用于参考的一个很小的数据点。事实上，社交网络每天要针对每个用户收集数百个相关数据点。众所周知，Facebook、Instagram、Twitter 和 Youtube 等社交网络都是免费使用的，但他们的商业模式是收集尽可能多的信息来完善用户的个人资料，这样广告商就会花很多钱来发布根据用户资料定制的广告。我们在线编写、观看和订购的所有内容，我们喜欢的帖子，我们去的地方，我们拥有的朋友以及我们共享的任何信息都可以用来完善我们的个人资料。

随着越来越多的消费者参与唾液检测，他们将基因信息添加到社交网络的个人资料中，完善了用户信息，从而让每个人都成为更好的营销目标。Facebook 和 Instagram 等主流社交网络可能很快会鼓励用户上传他们的 DNA 文件，用于完善他们的个人资料。大型基因平台还可以通过引入基因定制广告来增加收入，而且 Ancestry.com 在其隐私声明中也提到了这种可能性。DNA 增强型营销的前景甚至可能导致基因公司和主流社交媒体合并为大型平台，将所有可用的基因和非基因数据整合起来。

使用行为遗传学来预测客户选择特别吸引营销人员。你是那种会购买家庭保险（天生不喜欢冒险）或参加跳伞（热爱冒险）的人吗？你在买车时会考虑哪些因素，是技术规格（实用主义性格）、前卫的设计（富有想象力）、速度（喜欢追求刺激），还是低排放（敏感而共情）呢？所有这些行为都受到遗传因素的影响。对双胞胎的研究表明，对各种产品（包括汽车、杂货、智能手机、剧院门票等）的偏好，有 50% 受到遗传因素影响，而这些偏好会形成你的固定购物习惯。没有任何检测能准确预测这些性状，因为它们还取决于经验和教育等非遗传因素，但是这些信息将和其他数百个数据点一起扩充和完善消费者的个人资料。

我们的 DNA 信息一旦被大数据掌控，就会让我们更容易言听计从，这是有一定道理的。2011 年，世界上最大的信用卡公司之一 Visa 就惹上麻烦，因为当时它在其中一项专利申请中提到，DNA 作为一种数据点，可被用于营销目的（该公司后来从专利申请书中删除了这段有关基因材料的说明）。

如果我们不能妥善管理基于 DNA 的广告，后果将不堪设想。这种广告可能会根据我的遗传起源建议我去挪威或俄罗斯旅游，或根据我的基因偏好推荐我光顾一些餐厅，这些都没有太大影响。但有时，我的电脑上会弹出一些广告，建议我根据不准确的 DNA 易感性来购买药物、补品或治疗，这对我的健康和钱包都是潜在的危险。社交媒体针对特殊人物在 Facebook 和 Twitter 上的资料进行大肆报道和散布虚假新闻，已经严重影响了美国和欧洲的选举。将 DNA 变量添加到组合中，只会让我们更接近福柯描述的反乌托邦世界。

第二十一章
透明度是新潮流

在美国华盛顿特区，有一位互联网时代最笨的窃贼入室盗窃，把屋内物品席卷一空。屋里没有安装摄像头，但窃贼打开了他刚刚偷来的个人计算机，结果计算机上的摄像头拍摄了他的脸部快照，并将其发布在被盗主人的 Instagram 账号上。受害者是《华盛顿邮报》（*Washington Post*）的编辑，有几千粉丝。有人认识照片上的窃贼，于是把照片转发给了这位编辑，并告诉他窃贼的具体地址。几分钟后，窃贼就被当地警局抓捕。

在加拿大魁北克省（Quebec），娜塔莉·布兰查德（Nathalie Blanchard）被诊断患有严重的抑郁症，于是申请在家中休长期病假。保险公司的一名代理人查看了这名女子在 Facebook 上的个人资料，并下载了她与朋友愉快聚会的照片。于是，保险公司暂停支付保险赔偿，她必须在法庭上证明自己的病情后才能重新获得保险赔偿金。

这些真实的故事与 DNA 无关，但却提醒我们，我们的隐私不仅受到黑客、间谍的威胁，在大多数情况下，我们隐私的最大敌人其实是我们自己，我们总是在不经意间把本应保密的个人隐私分享给公众。

基因社交网也不例外，但有一个重要的区别。在大多数社交档案中，你可以改变你的宗教信仰、政治观点、地址、电话号码、婚姻状况、你的朋友名单、你的外表和你的密码。你可以为某张愚蠢的照片或某次愚蠢的评论道歉，你还可以取消你的信用卡。但是，一旦你的DNA信息泄露，你就永远不能收回。你的大多数基因信息在当前可能不会透露过多内容，但是在不久的将来，它们可能会被更精确地解析，从而泄露可能对你不利的细节。有人可以偷偷窃取你的DNA，违背你的意愿进行检测。警察可以利用你的基因进行家族搜索并登门质询。如果你关心自己的隐私，那么首先要考虑的就是要保护好自己的隐私信息，不要让他人有机可乘。

凯文·米特尼克（Kevin Mitnick）是世界上最著名的黑客之一。他在其著作《反欺骗的艺术：世界传奇黑客的经历分享》（*The Art of Deception: Controlling the Human Element of Security*）中讲述了他是如何作为黑客侵入公司系统并获得密码和其他敏感信息的。他给出了简单的答案："我只是问了几个问题。"米特尼克的"欺骗艺术"指的是社交工程，也就是说服人们为你提供所需信息的能力，这是所有恶意黑客的必备技能。随着安全技术越来越精密复杂和难以破解，黑客要想入侵，只能从人为因素这一最薄弱环节入手。我们与生俱来的渴望与他人联系和分享信息的特点，成为我们最大的弱点。

我们要如何去做，才能保护自己不被自己伤害呢？

⊗ 遗传学宇航员

谷歌联合创始人瑟吉·布林、诺贝尔奖获得者詹姆斯·沃森、遗传学专家克雷格·文特尔和乔治·丘奇，以及语言学家史蒂文·平克有哪些共同点？他们是首批在网上公布DNA信息的名人。他们认为，如果

DNA 信息有助于推动科研发展，那么牺牲自己的隐私就是值得的。在 21 世纪初期，人类 DNA 测序仍然非常昂贵，这些"VIP"基因组确实为推动科学发展做出了重要贡献。一位科学家满怀热情地将这些人与当代的宇航员相提并论，认为"他们面临着潜在的风险，但为了人类和子孙后代的利益，不惜将他们的隐私公之于众"。

公开性也是个人基因组项目（PGP）的基础，参与者需要在 PGP 网站上提供其完整的基因组资料。PGP 创始人乔治·丘奇以身作则，在个人资料中提供了个人详细信息：包括他的病史、癖好、性状，甚至有关肠道微生物的信息。看上去丘奇是在表达反隐私的立场，但恰恰相反，丘奇和 PGP 团队都认为，没有什么数据能确保绝对安全，他们希望参与者在共享基因组之前要明确了解他们在做什么。参与 PGP 项目的人必须满分通过在线考试，以表明他们已了解发布数据带来的所有潜在后果。

PGP 看起来就像是精英先驱者的俱乐部，参与者将自己的 DNA 放入温室进行研究。该项目对参与者完全负责并保持公开透明。很多人为了推动科学发展而共享自己的 DNA 信息，这当然值得称赞。不过，并非每个人都能成为"遗传学宇航员"。我们要知道，布林、丘奇、沃森和一些公开拥护者并不是普通公民，而是各自领域的权威领导人，他们没有理由担心遭受基因歧视。

相比之下，对于二十多岁的学生或中产阶级雇员来说，情况则有所不同。如果他们的雇主或保险公司在线查看了他们的 DNA，并分析出他们具有疾病高遗传风险，那么他们可能就会失业或支付高额保费。老板或保险代理人可能不会正大光明地要求查看你的 DNA 资料，但是如果你已经上传了自己基因数据，那么他们就可以在互联网上轻松获取这些信息。

我们不是原始人，分享信息是我们生活的一部分。但是，在某些情况下，我们要控制自己的冲动，不要随便效仿那些完全公开信息却没有任何后果的幸运儿。相反，我们应该只针对特定受众来共享数据，就像我们谨慎地在网上发布照片、视频和文章一样。

🧬 重新识别的危险

2013 年，一位名叫雅尼夫·埃尔利奇（Yaniv Erlich）的研究人员发现了一个隐私漏洞，该漏洞至今仍让 DNA 研究人员和唾液受测者感到不寒而栗。埃尔利奇就像是遗传学的"白帽"黑客（保护网络不被黑客攻击的网络安全专业人员），深入分析系统以帮助制定对策。他和位于马萨诸塞州剑桥市的怀特黑德生物医学研究所（Whitehead Institute for Biomedical Research）专家团队实施行动，从公共数据库中调取了一些匿名男性的遗传文件，并将其上传到一个免费的 DNA 社交网络上，以通过 Y 染色体追踪父系。

黑客会很轻松地侵入。在大多数社交平台上，用户的 Y 染色体和姓氏都是一起上传的。当他们上传的某个样本与社交网络上的父系匹配时，埃尔利奇和他的同事们就会找到与之相关的姓氏，然后通过搜索出生地来缩小查询范围，直到最终确认样本所有者的真实身份。

埃尔利奇的这项技术叫作"DNA 重新识别"（*DNA re-identification*）。在存储到基因社交网或公共生物库之前，所有 DNA 文件都将被"去识别化"（de-identified），这意味着受测者的姓名、地址、出生日期和所有其他个人详细信息将从他们的 DNA 资料中分离出来并单独记录。链接这两种信息的密钥也被加密，因此只有授权人员才能在需要时建立样本的身份识别。

重新识别技术可以通过将匿名 DNA 文件与其他来源的数据交叉引用，来找到 DNA 文件的所有者，就像埃尔利奇所做的一样。例如，可以通过样本上的出生日期和地点，或者在不同医院报告中找到的相同的 DNA 资料，来识别样本的所有者。因为，只要将出生地点和日期与公共人口普查数据进行比对，就可以轻松追踪到大多数人。如果你住在美国，你可以尝试一些此类网站。

重新识别是基因隐私的"死星"[①]，尤其是在开放的生物样本库中，每个人都可以访问和下载匿名患者或捐赠者的 DNA 文件。由于这种风险，许多非营利数据库只允许认证研究人员进行访问，并且从他们的个人资料中删除了存在风险的数据，如出生日期和出生地。

如果出于各种原因，你决定在生物样本库上分享你的 DNA，那么你最好不要留下你的真实姓名、地址和出生日期，以防止他人通过 DNA 重新识别来找到你。尽管科学研究通常需要按年龄段对样本进行分类，但如果你填写的虚假出生日期与真实日期相差一两年，也不会给科学研究带来任何影响。

---

① 死星是《星球大战》系列电影中的一个虚构武器，是一种超级武器，具有摧毁行星的能力。——译者注

第二十二章
反监控清单

成为唾液受测者后，我尽最大努力去保护我的隐私，避免我的基因数据被他人窥视。我不想完全隐藏我的基因组，而且我知道任何信息都不可能确保绝对安全。我尝试采用一种合理的方式来使用我的 DNA 文件，以便能为我自己和科学研究都带来最大的益处，同时还能让基因隐私得到合理保护。以下是我所采取的预防措施清单，以及我根据个人经验与专家意见总结的一些有用建议。在浏览这一清单之前，我们应该牢记一件重要的事情：隐私是一种级别控制旋钮，而不是一种开关。

每个人都有适合自己需求的隐私保护级别，我们的目标是在信息共享的实用价值与信息公开带来的不必要风险之间取得平衡。例如，患有罕见疾病的家庭通常会将信息共享级别最大化，因为他们首要考虑的是找到治疗方法和有效药物，或与具有相同突变的人取得联系，即使这会牺牲他们的隐私。

同样，渴望找到原生家庭的弃儿可能希望降低隐私保护级别并添加更多的个人资料，以增加他们成功寻亲的机会。这些用户将不会考虑我在下面描述的部分或所有注意事项。与之相反，那些只是出于纯粹好奇而注册 DNA 社交网络的人可能更喜欢保持较高的隐私保护级别，以防数据被盗，而且会使用各种措施来提高安全性。以下是我的一些建议，只是根据我的个人经验总结得出，不适用于所有情况，仅供参考。

一、将你的身份信息与 DNA 信息分开

一些信誉良好的消费者基因组学服务公司已经将你的所有数据"去识别化"，并将 DNA 文件与你的身份信息分开。你也可以采取额外的安全措施，以限制 DNA 重新识别。例如，我用一个假名字注册，用匿名的预付信用卡付款，并留了别人的地址来接收我的 DNA 检测套件。

采取这些措施后，当发生数据泄露时，即使检测公司服务器中的所有信息都被窃取和解密，窃取者也很难通过 DNA 文件来确定我的真实身份。为确保更高的安全性，每次访问检测公司的网站时，请开启"多疑"模式，使用 Tor 之类的匿名浏览器。这样，你的 IP 地址就不会记录在检测公司的日志中。

在数据库上共享你的 DNA 时，请不要将你的出生日期、出生地点以及居住地址（包括邮政编码）放在一起，这可能会导致重新识别。你的大致年龄可能对某些研究很重要，你可以提供一个与你的真实出生日期接近的出生年份，以便研究人员可以将你的 DNA 分到正确的年龄组。

要当心其他可以识别你身份的信息，例如你的工作地点和职业。如果你在职业描述一栏填写的是"ravenmaster"（伦敦塔乌鸦管理员），那么无论你的 DNA 如何，别人都会很轻松地找到你。

二、DNA 检测是整个家族的事情

显然，家族已经根植于我们的 DNA 之中，这是无法改变的事实。即使你不在基因数据库中，家族搜索也可以确定你的身份，并且可以通过你亲戚的 DNA 序列来推断出你的部分 DNA 序列。专门办理基因隐私案件的律师丹·沃豪斯（Dan Vorhaus）指出，"公共基因组学不是纯粹的个人决定，而是整个家族的决定"。沃豪斯甚至在将他的 DNA 资

料上传到数据库之前，给亲戚们写信，请求他们同意。

三、谨慎与表兄弟"分享与比较"

一些基因社交网平台提供了一种功能，可以让你查看自己与Relative Finder 中的联系人共享哪些基因组部分（23 and Me 公司将这种功能称为"分享与比较"）。这种功能很有趣，但也有一个缺点：每个共享的基因部分通常包含数千个基因，其中包括一些与健康相关的敏感基因，如果你与你的联系人分享这些信息，他或她就会知道你这些特征的确切基因组成。

你可能需要打开或关闭此功能，具体取决于你对联系人的了解和信任程度。我选择将它永久关闭。23 and Me 公司还提供了你与联系人分享健康特征的选项，我个人觉得没必要使用。

四、请小心使用原始数据：这是你的责任

大多数公司都允许客户下载带有完整的未解读的基因型列表文件，也称为"原始"文件。显而易见，你可以将此文件保存并用于公司平台之外的许多应用程序：它是你基因组的便携式版本。请小心使用。当你从公司网站上下载了原始文件后，就应该负责保密，就像保护你计算机上的其他数字内容一样。

最好将其保存在加密文件夹中，并用安全密码保护。不加密是一种坏习惯，尤其是你常用随身存储器存储此类文件时，就很容易产生风险。这个文件包含你的 DNA 信息，一旦落入他人之手，那任何其他预防措施都将毫无意义。

五、阅读隐私政策

我知道，逐条阅读网站的政策条款是非常无聊的事情，但是你还是

应该好好看看。仔细阅读条款，确保将你的 DNA 样本寄送给那些具有清晰明确的隐私政策的数据库和公司。

当然，执行这些预防措施是需要付出一些代价的。你把隐私保护级别旋钮调得越高，你能利用 DNA 文件来做的事情就越少。比如，如果你像我一样隐藏真实姓名，就会让系谱搜索变得困难。此外，你必须了解风险并选择适合自己需求的隐私级别。

PGP 的创始人乔治·丘奇指出，将来你是不可能把自己的 DNA 信息完全隐藏起来的。几年后，能读取基因组的产品将面向公众销售，而不只是针对那些好奇的唾液受测者。所有的孩子在出生时都要接受 DNA 测序，基因档案将和社保号一样，被永久保存。我们可以与医生、护士、药剂师、卫生系统、基因社交网、生物样本库等分享我们基因组的细节，就像用信用卡网上购物一样平常。

如今，我们拥有尖端的技术，可以让数百万人管理其银行账户并确保安全进行网购。我们也需要为我们的 DNA 研发类似的技术。

结　语
放松并忘记蓝图

基因国度

基因网络如何改变生活

　　有人曾问我从事何种职业，我现在仍然记得他们得知答案后那种难以置信的表情。当年我在"浪漫之都"巴黎念书，但我却没有收获爱情。当女孩们听到我的专业是"分子生物学"时，会立即转身就走。有个女孩在转身离开时还喃喃地说，"真没想到啊！"。我把它当作半句恭维话，好像她在说，"真没想到像你这样的好小伙居然是个书呆子"。

　　当时是 20 世纪 90 年代中期，只有四眼书呆子才会迷恋 DNA 研究，他们在弥漫着苯酚和老鼠臭气的黑暗实验室中消磨时光。我们是科学后厨的辛勤工作者，人们渴望从生物医学研究中获益，但没有人真正关心研究的过程是怎样的。我的物理学家和哲学家朋友们可以用有关生命、宇宙和万物的精彩理论让聚会者开心，但我们遗传学家能有什么话题呢？除了那些遗传学爱好者外，没有人愿意听我讲述关于核苷酸、孟德尔的豌豆和氢键这些乏味的话题。没人愿意和我们约会。在我们这个圈子中，结婚率实在是低得可怜。

　　到了世纪之交，风向发生了变化。像《侏罗纪公园》（*Jurassic Park*）这样的电影和《犯罪现场调查》这样的电视剧开始风靡，关于克隆羊多莉的新闻以及基因疗法的首次成功也见诸报端，这些都将双螺旋结构带入了流行文化。我终于可以正常谈论我的工作，其他人也不会急切转移话题。但是，人们仍然将基因与疾病、白大褂、科幻小说或刑事案件报道联系在一起。这些确实是 DNA，但并不是"我们的DNA"。

如今，局面已完全转变。公众渴望了解和谈论 DNA。在休闲晚宴上，在我的会议之后，甚至在与我不认识的客人的聚会上，大家只要一听到我的工作就会向我提出各种问题，而基因组通常成为谈论的主要话题。

消费者基因组学提供了最大的贡献，因为它将公众对 DNA 的看法转变为个性化与娱乐性。基因社交网让公众广泛参与基因研究，其发展程度已经达到了几代科学作家和我最初从业时梦寐以求的水平。数百万唾液受测者关注自己的 DNA，并在社交媒体上热烈讨论。各个年龄层次和职业的群体都在讨论他们的单倍群、SNP 和基因型，就像他们是在参加实验室会议辩论。名人在脱口秀节目中接受基因组检测，拥有数百万粉丝的视频博主制作关于他们遗传血统的视频。

探讨基因已成为时尚潮流，这是属于 DNA 书呆子的美好时代。

然而，每一项成功的技术都会在一定程度上偏离事实。在围绕遗传学发展的炒作中，我们总会夸大我们 DNA 的真实性质，并认为它的重要性远超想象。基因决定论（我们携带的基因将决定我们的命运）在我们的文化中根深蒂固，关于"智力""爱""数学天赋"等对于基因的不实报道只能助长这种错误的信念。

当我首次开启我的 DNA 档案时，感觉就像一个盗墓者冒犯了埃及石棺。我能感受到探索奥秘的兴奋快感，但也害怕唤醒隐藏在我基因中的古老诅咒。当你打破细胞内部的微观穹顶并与你的 DNA 面对面时，很难保持平衡的视角。如今，我们听到了太多有关基因组学进展的故事以及令人不寒而栗的基因绝对论。无论如何，我们始终坚信，我们的未来和选择被嵌入到了那条长长的微观线条中，就像我们体内有玛雅人占卜一样。

但是遗传学不是宿命，DNA 也不是预言。有些性状和疾病是基因编程的，即使那些曾被认为只能通过后天培养才能获得的能力，基因也起着重要作用，例如语言、数学、抽象思维甚至行为特征等。但这并不意味着 DNA 总是占据主导。恰恰相反，我们的绝大多数性状都来自基因和环境的相互作用。

如果你认为你的所有特征都像蓝图一样被写入你的 DNA，那么消费者基因组学行业就更容易出售针对智力、天赋或特定行为的不可靠检测，这可以解释为什么大多数公司都试图让你认为基因组学非常简单并且决定命运。在这一领域，奥斯卡最佳"决定论胡扯奖"的得主是 Advanced Health Care，这是一家印度 DNA 公司，在其网站上坚持认为遗传密码是一种"神灵的文字"。而且，一些科学家也再度提及基因决定论。

用谷歌搜索一下"基因组"，你会发现数百条信息，其中一些科学家将 DNA 描述为"生命的蓝图"。这是一个吸引眼球和易于理解的类比，但其实是错误的。2018 年，一位著名的行为遗传学家撰写了一本名为《蓝图》（*Blueprint*）的著作，并因其表达的基因决定论观点而受到各方批评。作者引用了他所擅长的认知能力的遗传学来支持他的 DNA 蓝图观点。具有讽刺意味的是，在他自己的计算中，这些性状的遗传可能性从未超过 50%~60%，其余部分则受到非遗传因素影响。即使在最具确定性的情况下，遗传学和环境也会同时对这些性状产生影响。

在千兆级数据和智能算法的支持下，未来的基因档案将非常强大，其广度也将令人惊讶。然而，没有任何基因检测能够完整地描绘我们的个性，更不用说预测我们的命运了，因为我们的绝大多数特征并未写入 DNA 中。

我们就像一个慢火烘烤的蛋糕：基因是食谱，我们周围的世界是一台善变的烤箱，每分钟都会改变它的温度。科学可以透过玻璃杯窥视，检查烤箱内是否有什么有趣的东西，但它无法预测我们明天的生活、经验和运气会带来什么。我讨厌剧透，但即使在关于基因决定论的典型反乌托邦电影《千钧一发》中，文森特·弗里曼［伊桑·霍克（Ethan Hawke）饰］也凭借其坚定的决心与自由意志克服了他的 DNA 的弱点（这个角色的姓名绝非巧合 [①]）。

这部电影的口号是"人类精神中没有基因"，这是你能找到的最好的反决定论口号之一。

⟨图⟩ 《银翼杀手》中消失的手机

科幻电影《银翼杀手》（*Blade Runner*）描述了一个有关克隆人和太空殖民地的牵强故事。故事背景设定在 2019 年的反乌托邦城市洛杉矶，主角瑞克·戴克（Rick Deckard）［哈里森·福特（Harrison Ford）饰］停下他的飞行汽车，然后……找到了一个电话亭打电话。

菲利普·迪克（Philip Dick）是在 1968 年撰写的原著故事。但有趣的是，即使到了 1982 年，当电影上映时，像雷德利·斯科特（Ridley Scott）这样的富有远见的导演和他的编剧们也不认为在短时间内电话可以随身携带。丹尼斯·维伦纽瓦（Denis Villeneuve）在 2017 年拍摄《银翼杀手》续集时，手机已成为现实，但他避免将其展示在影片中，以表示对原作的敬意。

就像《银翼杀手》中的手机一样，基因社交网躲避了未来学家的雷

---

① 文森特·弗里曼，英文名是 Vincent Freeman，vincent 在拉丁文中意指"胜利"，而 freeman 则意指"自由之人"。——译者注

达，像一艘外星飞船一样降落到一个无法参考任何文化来应对它们的世界。科幻小说中都是通过克隆、DNA 移植和转基因而创造出来的人，但没有人类。即使是最富有创造力的作家，也没有构想出一个基于我们基因的社交网络。

这种情况让科学家、哲学家和生物伦理学家们措手不及，因此专门研究这一现象的学术论文很少。2010 年，在新加坡国立大学（National University of Singapore）工作的哲学家丹妮萨·凯拉（Denisa Kera）撰写了有关该主题的为数不多的一篇学术论文。标题是"基于 DNA 和生物社交界面上的生物网络工作"（Bionetworking over DNA and biosocial interfaces），看上去就像是一部赛博朋克小说，将我们的基因组与诸如生命记录和"人类—机器—新媒体"的混合网络等概念联系在一起。现在，其中许多预言都已成为现实。

多年来，我们对消费者基因组学的兴起一直抱有偏见，并始终盯着《银翼杀手》中的电话亭不放。其实，一个全新的世界正在诞生。在消费者基因组学问世之初，顶级医学出版物《新英格兰医学杂志》刊登了一篇文章，开头就像在介绍一部灾难电影："这可能很快就会发生。有一位你认识多年的病人，他超重并且不爱运动。一天，他拿着自己的基因组分析报告，来到你的办公室……"该论文还详细介绍了很多假想的临床病例，预测很多过度焦虑的患者会带着他们的基因报告冲进医生的办公室，不停地询问他们的患病风险。科学家对这一前景感到不寒而栗。

但事实上，这种情况并没有发生。

尽管基因技术具有强大的医学潜力，但大多数人购买 DNA 检测套件不是为了看病，而是为了追溯祖先。与专家的预测相反，人们避免用 DNA 作为水晶球来窥探他们的未来。相反，他们更喜欢将其用作镜子，以查看他们的真实身份与祖先起源。

本书不只是讲述了 DNA、基因和技术的故事，而且关注我们自身，以及我们将如何适应一个遗传学无处不在并影响我们的自我认知与社交方式的世界。本书讲述了我和许多其他人的个人经历，但同时也描绘了你的未来生活，以及当邮递员把你在网上购买的花哨的彩色 DNA 检测套件交到你手中时，你的生活会发生怎样的变化。

当这种情况发生时，请记住：先放松 1 分钟，然后默念 3 遍：DNA 不是命运。DNA 不是命运。DNA 不是命运。

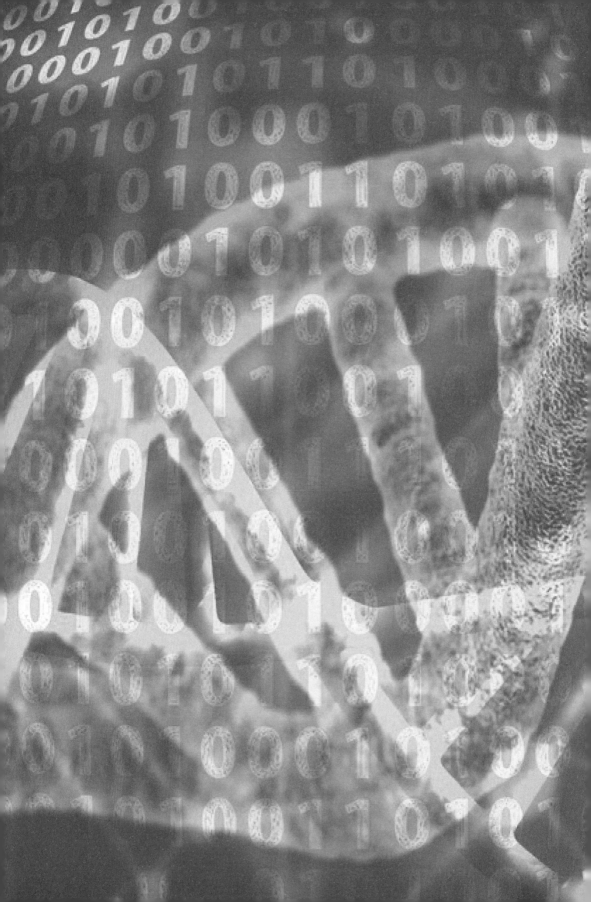

第五部分

实用要点

购买消费者检测服务之前，你应该了解七件事情

一、我想要达到什么目的？

在接受消费者检测之前，你需要确定自己的目标。你想寻找亲戚，探知血统，还是想了解健康状况，每个领域都有不同的专业检测公司。了解自己的需求将有助于你选择最适合的服务。

二、他们使用什么技术？

只选择那些采用简明语言对其技术程序进行清晰解释的公司。他们如何分析你的 DNA？他们使用哪种类型的测序或微阵列方法？一个公开透明的公司会详细解释他们的工作流程，并提供有关其技术的白皮书。

三、他们有无样本报告？

许多公司都会在其网站上提供一份样本报告。你可以检查样本报告，确认其是否清晰完整。报告应针对每种性状和疾病，详细阐述结论，提供一份已分析的变异列表，并附上科学出版物的网站链接。疾病的风险报告应将绝对风险（与你的基因型相对应的风险）与相对风险（与你的年龄和种族相对应的而与 DNA 无关的风险）进行比对。一些知名公司还提供许多有关遗传学的便于阅读的实用背景信息，以帮助你理解检测结论。语言应简练。尽量不要与缺少样本报告的公司合作。

四、实验室是否获得资质认证？

检查你感兴趣的公司使用的实验室是否得到权威机构的认证。美国实验室的常见认证是所谓的《临床实验室改进修正案》(*Clinical Laboratory Improvement Amendments*，CLIA)。ISO/IEC 17025 是一些知名公司经常采用的另一个质量标准。不同国家的认证可能等于或超过这两个标准。不要与无资质的公司合作，否则将无法确保获得可靠的 DNA 分析结论。

五、我可以下载我的原始 DNA 文件吗？

一些公司允许你下载包含你的 DNA 数据的所谓"原始"文件，以便在其他网站和软件上应用。可以获得原始文件是一个重要的优势，因为这样你就可以在公司以外的环境中使用数据。有关原始文件的详细信息，请参见"便携式基因组"章节。

六、数据库有多大？

数据库大小是血统搜寻应用需要考虑的一个因素。数据库越大，找到亲戚和正确识别血统的概率就越大。族裔是另一个重要变量，欧洲血统的人一直是第一波消费客户，并且在大型数据库中具有较多样本。因此，根据你的家族史以及你希望扩展搜索范围的范围，你可能需要尝试专门检测特定血统的较小公司（例如 African DNA.com）。你可以从一个网站上下载 DNA 原始文件，再拿到另一个网站上使用。很多系谱学家都这样做。

七、他们的条款和条件是什么？

没有人喜欢阅读烦琐的条款，但是说真的，在你点击"确认"之前，请先好好阅读一下。看看隐私保护的相关条款，了解公司可以用你的 DNA 样本做什么。他们可以与第三方共享吗？不要与没有明确隐私政策的公司合作。如果他们没有清楚说明如何处理你的信息，那他们很可能不会合法使用。你可以参阅详细的隐私清单（链接到"反监控清单"）。

基因国度

基因网络
如何改变生活

消费者基因组学常见问题

一、消费者 DNA 检测可靠吗？

要回答这个问题，需要考虑以下两大因素。

1.DNA 读取的技术质量

如果消费者公司使用经认证的实验室进行检测，它将像任何医学实验室一样，准确地识别你 DNA 中的变异。要记住一点，没有任何分析是 100% 准确的，每种技术都会产生一定程度的误差。

因此，永远不要期望 100% 的准确性，并且在做出任何医学决定之前，要根据特定疾病的专业检测以及遗传学家的帮助来确认重要结论。

2. 解读数据：这些变异对我有何重要意义？

解读变异的重要性，将它们与性状和易感性联系起来，是一项复杂的工作。消费者 DNA 检测的大多数缺点来自解读信息的困难，而不是来自读取基因组的技术错误。根据统计模型和所用的科学研究，不同的公司可以采用不同的方式来解读同一个 DNA 文件。尤其对于结果是概率性的多因素性状更是如此。在本书中，我探讨了 DNA 检测对于几种不同特征和疾病易感性的准确性。

二、基因分型和测序有什么区别？哪种方法更好？

在本文编撰之时，二者的差异主要是价格问题：测序（即读取 DNA 中的所有字母）是任何应用的黄金标准，效果往往优于基因分型。

基因分型仅通过读取某些 SNP 的微阵列来完成检测。

对于系谱应用和亲戚搜寻，以及参与众包研究，微阵列或低通量测序通常就足够了。高覆盖率测序更昂贵，但对于医疗应用来说是最好的选择，尤其是在寻找罕见变异时，例如那些容易让你罹患某些肿瘤的变异。话虽如此，随着价格不断下跌，公司最终将转向测序，微阵列将在几年内退出历史舞台。请谨记一点，数据的解读方式通常是公司之间最关键的区别。

三、我很关心 DNA 检测结果，谁能帮我？

你应该咨询专业人士，比如遗传顾问或临床遗传学家。这些接受过临床遗传学培训的生物学医师可以帮你分析结果，你可以根据需要，订购更具体的分析。大多数国家都有一个官方的专家委员会，你可以从中聘请认证的顾问。

四、我怀疑我的家族有遗传病，消费者检测有用吗？

顾名思义，消费者基因组学是为消费者服务的，而不是为患者服务的。如果你认为你的家庭可能有遗传疾病，或者你正在寻求诊治，你应该和你的医生或遗传咨询师联系，在检测前后进行详细咨询。这非常重要，我强烈建议你这样去做。

五、消费基因组学公司的哪些观点有科学依据，哪些没有科学依据？

正如本书中详细介绍的那样，某些应用是基于可靠的研究，而其他应用尚未得到验证。有些则类似于骗术。下面的表 1 进行了总结。

表 1　DNA 功能测试仪信息图

DNA 功能测试仪 ™	
亲戚搜寻	**功能良好** 这些检测均有科学依据。如果操作正确，它们可以提供可靠的结论
单基因疾病	
药物基因组学	
营养	**注意！** 这些检测基于科学数据，但结论未经验证，而且很难解读
血统起源	
优秀的短跑爆发力	
多因素疾病	
护肤	**骗人伎俩** 这些检测目前没有科学依据。我不会将时间和金钱浪费在这些项目上
配对	
性取向	
性格与天赋预测	

宠物检测

只要花点钱，我们可爱的小宠物们就可以变成唾液检测者。有几家公司出售适用于狗、猫、马和鸟的 DNA 检测套件，以识别宠物患各种疾病的风险。你要做的就是把棉签放在宠物的嘴里转一转，将样本寄送给你选择的公司，然后等待结果。

这些检测服务使用与人类基因检测相同的技术和原理，但只适用于其他物种的基因组检测。当你的宠物的 DNA 文件被接收后，算法将把它与数据库中具有确定血统的个体 DNA 文件进行比对，并计算出每个品种在宠物基因中所占的比例。从理论上讲，确定家畜的品种比确定人类血统更为精确。虽然人类没有种族划分一说，但动物品种在遗传学上有着明确分类。一家公司甚至提供了一种十分诡异的方法，从你死去的狗的玩具中提取 DNA，就可以确定它的品种。

这些工具可以检测出混种宠物的混合起源，但无法确认你刚刚购买的小狗的血统是否纯正，因为即使经过认证的"纯种"个体也绝不可能拥有完全一样的基因组成，并且可能携带属于其他品种的 DNA 变异。

与狗相比，几乎所有的猫都处于难以界定的"灰色地带"，因此更难识别为单个或多个特定品种。狗的品种彼此之间有很大的不同（想想吉娃娃与英国獒犬的巨大区别）。相比之下，猫的品种却更少，种类也更少。如果你能用脸颊拭子在猫脸上取样，那么一些专门研究猫科动物的公司就可以对它们的遗传血统和品种组成进行分类。

许多检测套件还包括专门的 DNA 检测，能确认你的狗或猫是不是遗传疾病突变的携带者。这些检测可以发现易于识别的单基因疾病，并且可能对育种者有用，可以让他们避免使用带有该突变的个体来繁殖后代。但是，专家们呼吁在处理这些报告时要谨慎。动物基因检测是不受监管的，这意味着许多检测没有经过科学验证，主人不应该根据可能是错误的基因检测结果，对他们所爱的宠物做出"生死决定"。

我在"消费者基因组公司精选列表"的最后提供了专门从事宠物DNA检测的公司列表。

消费者基因组公司精选列表

以下是截至 2019 年 7 月，我在研究期间接触过的一些顶尖的 DNA 消费公司名单。这份列表并不完整，也不应被视为我的代言或推荐。请注意，该领域发展速度非常快，书面信息可能很快就会过时。有关更多最新信息，请关注我的推特 www.twitter.com/ sergiopistoi 和（或）我的网站：www.sergiopistoi.com。

综合性公司

23andMe.com

典型的 DNA 消费者公司。检测服务价格合理，重点是社交网络和用户支持的研究。服务包括：血统检测、族裔判断、疾病风险评估、性状分析、亲戚匹配等。该平台可以不用经过用户授权来使用和销售汇总数据。提供美国、加拿大、英国、欧洲和世界其他地区的不同版本。允许下载原始资料。

血统与系谱

Ancestry.com

市场上最大的系谱数据库，拥有数百万的 DNA 用户和家谱树资料。提供系谱研究和家庭匹配服务，以及社交网络功能。订阅服务后，你就默认平台可以使用和出售你的汇总数据。十种语言的本地化网站。允许下载原始资料。系谱研究和家庭匹配的最佳选择，特别适用于美国居民。

FamilytreeDNA.com

该公司的数据库比 Ancestry.com 小，但是可以详细分析线粒体和 Y 染色体，从而揭示血统，并允许你在母系和父系脉络上匹配亲戚。用户还可以下载其原始文件，并且从其他服务器上传文件。未经用户许可，不会传输汇总数据。确定血统的最佳选择，可通过从其他网站上传你的原始数据来扩展系谱研究。

Myheritage.com

声称拥有美国以外最大的数据库。提供家庭匹配、系谱工具。支持下载和上传原始文件。提供 44 种语言版本。还提供单独的健康检测套餐。未经用户同意，不得传输汇总数据。美国以外的系谱和家庭匹配的最佳选择。

Africanancestry.com

拥有最大的非洲血统数据库。未经用户许可，不会传输汇总数据，但隐私策略很少。非裔用户的最佳选择。

LivingDNA.com

专注于英国血统。允许下载和上传原始数据。未经用户许可，不会传输汇总数据。英国和爱尔兰用户的最佳选择。

健康与性状报告

Veritasgenetics.com

消费者基因组学的顶尖公司，专门研究健康报告。通过全基因组测序以提供有关疾病风险、性状和药物基因组学的详细报告。收费比平均价格贵得多，但价格包括遗传咨询。不会转让或出售汇总数据。

Color.com

另一家提供临床级测序的高端公司。他们关注的不是整个基因组，而是一些与癌症和心脏病有关的基因。价格中包含遗传咨询。不出售汇总数据，但会在公共研究存储库中发布去除识别信息的数据（客户可以选择退出）。

Dantelabs.com

全基因组和外显子组测序。提供有关疾病风险、药物基因组学、营养基因、性状等方面的报告。不会出售汇总数据。

参与研究

23andMe.com

Nebula.org

全基因组测序及其性状和疾病风险报告。使用区块链将用户与研究人员建立联系。未经用户许可，不会出售汇总数据。

DNA.land; Zenome.com; LunaDNA.com

这些网站不提供检测服务，但允许你安全上传你的原始 DNA 文件，并使用区块链技术将用户与研究实验室建立联系。决定参与研究的唾液受测者将获得免费服务或代币的奖励。

仅供上传原始文件

Promethease.com

LiveWello.com

Gedmatch.org

Genotation.stanford.edu

宠物检测

Basepaws.com：猫、品种、疾病风险。

Wisdompanel.com（美国）、Wisdompanel.co.uk（英国）：狗、品种、疾病风险。

DNAmydog.com：狗、品种、疾病风险、已故狗。

www.easydna.co.uk（英国）：狗、品种、疾病风险。

遗传咨询委员会和协会名单

澳大利亚和新西兰：澳大利亚人类遗传学协会（HGSA）www.hgsa.org.au

亚洲：亚洲遗传咨询专家协会（PSGCA）www.psgca.org

加拿大：加拿大遗传咨询协会（CAGC）www.cagc-accg.ca

中国：中国遗传咨询协会 www.cbgc.org.cn

欧洲：欧洲人类遗传学学会 ESHG www.eshg.org

法国：法国遗传咨询协会（AFCG）www.appacgen.org

印度：印度遗传咨询委员会（BGC）http://www.geneticcounselingboardindia.com

以色列：以色列遗传咨询协会（IAGC）http:// genetic-counselors.org.il

意大利：意大利人类遗传学协会 (SIGU) www.sigu.it

日本：日本遗传咨询学会（JSGC）http://www.jsgc.jp；

日本人类遗传学协会（JSHG）http://jshg.jp/e/index_e.html；

日本遗传咨询委员会（JBGC）http://plaza.umin.ac.jp/~GC/

菲律宾：菲律宾大学，马尼拉 http://ihg.upm.edu.ph

葡萄牙：遗传咨询协会（APPAcGen）www.appacgen.org

罗马尼亚：罗马尼亚遗传咨询协会（RAGC）www.geneticcountring.ro

沙特阿拉伯：沙特卫生专业委员会（SCHS）www.scfhs.org.sa

西班牙：西班牙遗传咨询协会（SEAGEN）www.seagen.org

南非：南非人类遗传学协会（SASHG）http://sashg.orghttp://www.sashg.org ; HPCSA www.hpcsa.co.za

瑞典：瑞典遗传咨询协会（SSGC）www.sfgv.n.nu；

瑞典医学遗传学协会 www.sfmg.se

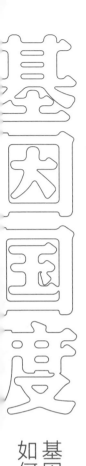

台湾：台湾遗传咨询协会（TAGC）www.taiwangc.org.tw

荷兰：荷兰临床遗传学协会 www.NVGC.info

英国：遗传学护士和咨询师协会（AGNC）www.agnc.org.uk；

　　　遗传咨询师注册委员会（GCRB）www.gcrb.org.uk

美国：国家遗传顾问协会（NSGC）www.nsgc.org；

　　　美国遗传咨询委员会（ABGC）www.abgc.net

资料来源:《欧洲人类遗传学杂志》第 27 期，第 183-197 页（2019），经修改。

致 谢

　　"致谢通常会以这样的声明开头：尽管写作是孤独的工作，但如果没有他人的帮助和支持，作者永远不可能完成写作。"山姆·萨克斯（Sam Sacks）在《纽约客》（*New Yorker*）一篇题为"反对致谢"的有趣文章中提到。这位作者比较反感这些陈词滥调，他认为，没有必要在每部书结束后都要提醒这是通过集体努力才完成，因为大家早就知道了。

　　然而，我相信许多读者并不知道这些。所以，亲爱的读者，首先我认为《纽约客》的这篇文章的论点有可取之处（实际上我正在用这种过度使用的声明来作为我的开场白），同时它也存在谬误之处，因为我很确定读者并不知道有多少人参与了本书的创作。为撰写本书，我求助了很多人并获取了很多帮助，但我没办法感谢所有人。

　　在此，我要特别感谢我的经纪人罗蕾拉·贝利（Lorella Belli）和克里斯托弗·拉塞尔斯（Christopher Lascelles）给予本项目的信任并使之成为现实，感谢他们的创意。他们的热情和奉献精神让我由衷佩服。我还要感谢对我的手稿进行精美排版的伊登·格拉斯曼（Eden Glasman），以及 Crux 出版社的所有团队成员。

　　谨以此书献给我的全家，献给所有相信和支持科学的人，献给那些让我思考、欢笑、哭泣和怀有梦想的人。